廿一世紀

吃的真相

食物安全真與假

雲無心　著

萬里機構

目錄
CONTENTS

第一章

初闢：為了吃飽的奮鬥

第二章

進化：那些食品添加劑的前世今生

第三章

摸索：向着安全與健康出發

第四章
反思：那些事故與著名的官司

第五章

飛躍：當基因技術遇上食物

番外篇：你需要知道的食物真相

第一章

初辟：為了吃飽的奮鬥

想吃「純天然」糧食？
對不起！這個真沒有

有很多人喜歡説要吃純天然的食物，所以那些物種經過改造的，種植過程中用了化肥、農藥的糧食，就經常遭到白眼。

但實際上，自從上萬年前人類開始農耕起，糧食就不再是純天然的了。

比如粟米，跟現在的粟米相比，純天然的遠古粟米有以下三個重要的特徵：粟米粒外面包裹着一層厚厚的外皮；每株粟米有很多分枝，每個分枝上都有一個雄蕊和若干個雌蕊（最後變成粟米棒）；粟米棒很小。

這三個特徵對於遠古粟米的繁衍生息很重要。因為粟米粒上有厚厚的外皮，所以在被動物吃了之後，種子不會被消化掉，被排泄出來後還能發芽。一株粟米上有多個雄蕊和若干個雌蕊，保證了總有雌蕊能夠成功受粉，也不容易被外來的病蟲或者採食的動物「一網打盡」。粟米棒多了，自然每顆就會小。這種特徵對於繁衍也具有正面的意義——粟米棒掉在地上，往往只能發出幾棵幼苗，因此不會因為養分不足而整體「夭折」。

但這對於人類來說顯然不是好事——厚厚的外皮，去掉太麻煩，不去掉又難以消化；粟米棒多而小，採摘起來很不方便。

不過，自然界的物種總是會發生各種各樣的突變，遠古粟米也不例外。有的突變使它們失去了粟米粒上的厚皮，有的突變使它們的分枝減少，還有的突變使得每株上不再生長那麼多粟米棒……對於粟米的繁衍生息而言，這些突變是不利的，對於人類來說卻是福音。因此，人類總是選擇那些他們喜歡的植株，收集它們的種子以便來年種植。經過一代又一代的「選種」，最後人們逐漸培育出了現在我們所常見的粟米。

人類選種的過程就是「馴化」。馴化後的粟米每株通常只有一根粟米棒，所有的營養都集中在它身上，因此它能長得更大。另外，馴化後的粟米容易

廿一世紀吃的真相 — 食物安全真與假

採摘，撕開苞葉，裏面就是易於食用的粟米粒。

對於人類來說，這實在很完美。但這樣的粟米實際上已經失去了自我繁衍的能力。如果只有一兩株粟米，那麼雌蕊就很容易錯過頭頂的花粉（要想成功受粉，只能依靠人類成片的種植）。由於粟米棒上籽粒較多，一根成熟的粟米棒掉在地上，會生出大量的幼苗，幼苗之間爭奪養分導致這些幼苗都長不大；幼苗要順利長大，需要人類將粟米粒按照一定的間隔種下；如果粟米粒被動物吃掉，那麼它們會因為沒有堅硬外皮的保護而被消化。

成為人類糧食的粟米於是變成了完全不天然的「怪物」。從此它們的繁衍生息只能依靠人類。人類對粟米的馴化，堪稱反自然的典型。

上萬年前人類把野草馴化成了糧食，但這並非終點——人類對物種的改造，對種植條件的探索，從來就沒有停息。在中美洲的古人類遺址上，人們發現了從 1 厘米長到 20 厘米長的粟米棒，顯示着人類一直在努力。

隨着人類的遷徙，粟米從發源地中南美洲擴散到了全世界。為了讓粟米適應各地的氣候、土壤，抵抗病蟲害等，人類又培育出了各種各樣的新品種。

相對於選種馴化，雜交則可以有目的地把不同品種的優良特性集中到一個品種上，於是新品種出現的速度愈來愈快。而後來的誘導突變育種，則是通過化學試劑、離子輻射等處理，讓種子發生隨機突變，再挑選出人類喜歡的突變體進行培育。從根本上說，這是傳統選種法的人為加速版本。這種加速方法更不天然。

在過去的一個世紀裏，這些育種方法取得了巨大的成就。大量優秀品種的誕生，奠定了綠色革命的基礎。

初闢：為了吃飽的奮鬥

相對於古人的馴化和選種，雜交和誘導突變育種都是高效的。而現代生物技術的發展，為育種提供了能力更強、效率更高的方法，即直接針對目標基因進行操作——可以把其他物種的某個優秀基因轉入，也可以加強或者抑制某個特定基因的表達。這種新的方法如此強大，讓許多人感到恐懼。比如在西方國家，許多反對現代生物技術育種的人認為這是做了上帝所做的事情。

　　在人們還茫然無知的時候，雜交和誘導突變技術就已然進入了人類的日常生活。當它們出現在人們面前的時候，人們只看到它們帶來的美好結果。至於它們出現的過程，人們無暇顧及，或者沒有興趣去關注。等到後來瞭解到它們的產生過程，人類已經習慣了它們的存在，也就順理成章地將其當作「傳統技術」。而以基因改造為代表的現代生物育種技術則不同，在人們面對基因改造產品之前，關於它們的討論已經鋪天蓋地。對於人們來說，它們是陌生的，也是可有可無的，於是「反自然」就成了它們的原罪，儘管人類從數萬年前開始農耕時就一直在「反自然」。

他為饑餓的世界
提供了麵包

　　小麥是當今世界的三大主糧之一。大約在 1 萬年前，近東地區的人們把野草馴化成了糧食，然後逐漸定居下來，開始了農耕文明。此後的幾千年中，小麥逐漸擴散到世界各地，但對它的改良進展緩慢，產量也不高。

　　到了 19 世紀，科學家們逐漸認識到氮肥對糧食產量的重要作用——施以充足的氮肥，就能得到更多的糧食。不過人們也很快發現，當肥料充足使得麥粒又多又飽滿的時候，麥稈就會因難以承受麥粒的重量而發生倒伏。此外，在不同的地區，小麥還會遭受不同的病害，一旦中招也會損失慘重。

　　於是，改良小麥品種，讓它高產，且能抗倒伏、抗病害，就成了農業生產中迫切需要解決的問題。

　　19 世紀後期，日本培育出了矮稈小麥品種。不管施多少肥料、結出多少麥粒，這個品種都不會倒伏。20 世紀初，人們將這些矮稈品種與美洲品種進行雜交，產生了歷史上著名的「農林 10 號」。這個只有 60 厘米高的品種（普通小麥是 90 厘米高），麥稈短小粗壯，只要肥料充足，就會有很高的產量。但是，這個品種抗病性能比較差，也因此往往需要跟各地的抗病品種雜交，以適應當地的種植條件。

　　通過雜交技術改良小麥品種最成功的人是美國的諾曼・博洛格。他於 1942 年拿到博士學位，在美國工作了兩年之後，拒絕了公司的高薪挽留，跑到墨西哥負責小麥品種改良項目。在此之前，墨西哥小麥遭受了嚴重的「稈銹病」，農民已經對小麥種植失去信心。

　　博洛格的工作卓有成效。在幾年之中，他培育出了數以百計的雜交小麥品種，並獲得了高產和抗病的品種，其產量比當地的傳統品種提高了 20%以上。

初辟：為了吃飽的奮鬥

博洛格對雜交技術的最大貢獻是「穿梭育種」技術，即夏天在墨西哥的高原地區種植第一代，冬天在平原低地再種植下一代，這樣一年就可以培育兩代，育種速度成倍提升。當時的理論認為，在哪裏種植，就需要在哪裏育種，而博洛格的這種穿梭育種操作得到的品種不符合這個育種觀念。他的上司否決了這一設想，博洛格憤而辭職。後來，美國農業界的一位大佬出面調解，上司不再反對穿梭育種技術，博洛格收回辭呈，事情才得到解決。

事實證明，博洛格的技術是成功的，而且還有出乎人們意料的好處。因為夏天的日照時間長，而冬天的日照時間短，通過這種穿梭育種技術培育出來的品種，既適應長光照也適應短光照。這就使得培育出來的品種適應性更強，能夠在更多的地方種植。

雖然「農林10號」已經出現很多年，但那個時代的資訊傳播不夠發達，因此直到1952年博洛格才知道它的存在。隨後，他獲得了一些「農林10號」的種子，與自己開發的品種進一步雜交。「農林10號」的引入大大推動了他的育種工作，在隨後的幾年中，他培育出了抗倒伏、抗病、高產、對日照時長不敏感的優良品種。1962年，他的新品種開始種植，1963年廣泛推廣。這種優良品種的廣泛種植使得墨西哥的小麥產量比博洛格剛去的時候增加了6倍。墨西哥的小麥不僅不再需要進口，反而能夠出口了。

新的小麥品種在墨西哥大獲成功後，博洛格認為應該將其推廣到世界其他地方，尤其是印度和巴基斯坦。1963年，他應邀造訪印度，為印度帶去了他的小麥種子。

當時，印度傳統糧食的平均收成是每公頃1噸，而小麥試驗田的收成達到了每公頃5噸。這一結果驚呆了印度人，印度政府打算購入這種小麥種子。然而，由於這些種子是外來的，印度社會出現了許多反對的聲音，引進墨西哥小麥種子的計劃受挫。

1965年秋天，印度氣候反常，糧食歉收，導致糧食短缺，只能依賴於進口。這一現狀迫使印度社會開始重視博洛格的小麥對印度的價值，反對的聲音愈來愈弱。此後，印度進口的種子愈來愈多，小麥產量也愈來愈高。1970年，印度小麥的總產量比1965年增長了近一倍。印度糧食實現了自給自足，20世紀80年代甚至一度有餘糧出口。

20 世紀，世界人口經歷了爆炸式的增長，因此英國人口學家馬爾薩斯曾經預言：人類對糧食的需求將超過能夠種出的糧食，饑荒將不可避免。在優良的糧食品種與充足的肥料支撐下，世界糧食產量的增長超過了需求的增長，馬爾薩斯的預言沒有應驗。

　　這一段歷史被稱為「綠色革命」。博洛格居功至偉，被稱為「綠色革命之父」。作為一位農藝學家，他的工作在科學界算不上傑出，但是他卻「為饑餓的世界提供了麵包」，而這是世界和平的基石。他因此而獲得 1970 年的諾貝爾和平獎。

接受馬鈴薯，
歐洲用了 200 年

馬鈴薯的遠祖是有毒的植物，經過了南美洲人民一代又一代的馴化，大約在 1 萬年前成了人類的糧食。歐洲沒有類似的作物，直到 16 世紀 30 年代，西班牙殖民者到達南美洲，歐洲人才見到了這種「奇怪的植物」。對於當地原住民來説，馬鈴薯是美味佳餚，而初見馬鈴薯的歐洲人則不敢或者不願意食用。

後來西班牙人把馬鈴薯帶回了歐洲，到 17 世紀前後歐洲才有小規模的種植。跟遠道而來的粟米相比，馬鈴薯沒有受到歐洲人的歡迎。畢竟，這種東西跟歐洲人的其他食物相比差別太大了。當時，歐洲傳統醫學通常根據外形來推斷物體的功效。在歐洲人眼裏，馬鈴薯粗糙的外皮就像麻瘋病病人的手，所以他們認為馬鈴薯有毒，會引起麻瘋病。雖然有植物學家指出它們可以食用，但很少有人相信。

不過馬鈴薯的高產還是有一定吸引力的，當時的人們能夠接受它作為飼料。至於食用，只出現在社會階層的兩端——極其富有的階層把它作為新奇的園藝作物，並用它製作一些新奇的食物；極其貧窮的階層顧不了那些「萬一有害」的傳説，認為吃飽才是關鍵。在愛爾蘭、英國、比利時、荷蘭、法國、普魯士等國家的一些地區，窮人們慢慢接受馬鈴薯作為主糧。這些「先驅」逐漸發現，馬鈴薯沒甚麼可怕，不僅高產而且美味。17 世紀 60 年代，英國皇家學會肯定了馬鈴薯作為糧食的價值。

馬鈴薯進一步被人們接受，緣於 18 世紀幾次糧食歉收導致的饑荒。在 1740 年的饑荒之後，普魯士政府大力推廣馬鈴薯。1756 年，「七年戰爭」爆發，在戰爭中，俄羅斯、法國、匈牙利、奧地利等國軍隊在普魯士地區見識到了馬鈴薯的價值——高產而美味。返鄉之後，他們積極推動種植馬鈴薯。其中，法國科學家帕門蒂爾的貢獻尤為突出。

帕門蒂爾在法國軍隊中擔任藥劑師，後來被普魯士軍隊俘虜並被關了 3

年。在監獄裏，他基本上只能吃馬鈴薯。吃了 3 年後，他確信馬鈴薯是一種很有營養的食物。戰爭結束回到法國後，他就變成了馬鈴薯的積極推廣者。

那時候，法國的公眾仍然普遍認為馬鈴薯有毒，因此帕門蒂爾被視為異端。1770 年，法國再次遭遇糧食歉收，法國科學院舉辦了一次論文競賽，主題是探討解決饑荒問題的食物。帕門蒂爾發表了一篇主題為「把馬鈴薯作為麵粉的最佳替代品」的論文，獲得了競賽評委們的一致認可。此後，法國學術界也支持帕門蒂爾的觀點，宣佈馬鈴薯適合人類食用。

不過，要想改變公眾根深蒂固的「馬鈴薯有毒」的認知，光有學術界的支持還遠遠不夠。當時，帕門蒂爾在一家醫院工作，醫院的土地歸教會所有，教會的反對使得他甚至不能用醫院的試驗田來種植馬鈴薯。

帕門蒂爾不是一個死板的科學家。如果在今天，他肯定會成為「KOL 科學家」。為了推廣馬鈴薯，他製造了一系列噱頭。1785 年，法國再度遭遇糧食歉收，而法國北部的馬鈴薯大大緩解了饑荒。在法國國王路易十六的壽宴上，帕門蒂爾趁機向國王和皇后獻了一束馬鈴薯花。國王把馬鈴薯花別在了衣襟上，而皇后則戴上了馬鈴薯花的花環。此外，他還製作了幾道含有馬鈴薯的料理。顯而易見，有了領導的示範，吃馬鈴薯食物、戴馬鈴薯花很快就成為法國上流社會的時尚。帕門蒂爾順勢辦了幾場晚宴，向賓客們提供馬鈴薯製作的各種食物。參加晚宴的賓客中不乏超級名流，比如美國的科學界、政治界雙棲明星富蘭克林，還有法國化學家拉瓦錫，等等。

國王賜給了帕門蒂爾一些巴黎城外的土地，帕門蒂爾用它製造了一個更大的噱頭——他在土地上種植馬鈴薯，並派士兵武裝保衛。保衛森嚴的農田引起了人們濃厚的興趣。帕門蒂爾偷偷告訴衛兵：如果有人為了偷盜馬鈴薯而向他們行賄，那麼他們可以放心收下。到了收穫季節，帕門蒂爾乾脆悄悄地撤除了警衛，讓附近的人們毫無阻礙地去偷那些馬鈴薯。

初辟：為了吃飽的奮鬥

大概是偷來的食物比較香，帕門蒂爾的噱頭獲得了成功，法國人終於消除了對馬鈴薯的成見。在法國大革命之後，帕門蒂爾獲得了拿破崙設立的榮譽軍團勳章，他為法國人解決饑荒所做的努力得到了世人的肯定。在後世的法國料理中，凡是名稱中含有 "parmentier" 的，就必然是以馬鈴薯為主要食材。人們用帕門蒂爾的名字來命名這些菜餚，以紀念他為推廣馬鈴薯成為食物所做的貢獻。

為了吃飯，
美國不惜鼓勵全民「找屎」

隨着農耕生活愈來愈廣泛，人類逐漸放棄遊牧的生活方式定居下來，進入農耕社會。農耕技術與人類文明在互相依存、互相促進中緩慢發展。

在農耕社會開始後的幾千年中，人類逐漸積累了一些種植糧食的經驗。比如他們知道把動物的糞便和腐爛的植物放在地裏，會增加糧食的產量。在很多地方，人們還總結出了豆類和其他糧食間種或者輪種的方法。

不過，人類並不知道為甚麼這些操作會使糧食增產。直到 19 世紀，科學家們才搞清楚了氮肥對農作物的價值。原來，動植物體內有大量的氮元素，這些氮元素可以通過糞肥和腐爛的植物促進農作物的生長。而豆類植物的根系中棲息着根瘤菌，也能夠把空氣中的氮氣轉化為植物可以利用的氮肥。

隨着人口數量的緩慢增長，人類對糧食的需求也不斷增加。在此之前，增加糧食供給的途徑是開墾更多的耕地，種植更多的糧食。到了 19 世紀中期，人們逐漸意識到人口的增長愈來愈快，而便於開墾的土地愈來愈少；因此，增加糧食的畝產量，就變得極為迫切。

人們已經認識到肥料對增產的價值。在當時的種植基礎上，如果施以充足的肥料，那麼糧食的產量有時能增加數倍。然而肥料從何而來卻成了個大問題。養殖動物獲取糞肥顯然行不通，因為養殖動物需要飼料，飼料的獲得也需要肥料。種植豆類作物來「固氮」也難擔大任，因為土地是有限的，增加豆類作物的種植，就意味着少種其他的糧食。

長期以來，人們就已發現海鳥的糞便是優秀的氮肥。南美洲西岸的海洋中有許多海島，海鳥在上面棲息，留下了厚厚的鳥糞，有的地方甚至有幾十米厚。後來的分析顯示，那些積累了千百年的鳥糞中含有豐富的硝酸銨，肥效是普通糞肥的幾十倍。於是，鳥糞一時間成了重要的物資。19 世紀 50 年代，英國進口的海鳥糞最高時達到了每年 20 萬噸，而美國也達到平均每年

7.6 萬噸。

　　這些鳥糞是經過千百年才積累起來的。在人類的瘋狂開採下，它們實質上成了不可再生資源。為了獲得更多的鳥糞，美國政府在 1856 年通過了《鳥糞海島法案》，授權任何美國人在任何地方，如果找到了有鳥糞、無人居住且不歸任何政府管轄的島嶼，就可以佔有並且進行開採，政府會為這種佔有和開採提供保護。

　　於是，「找屎」成了當時的創業風口，無數企業家瘋狂地在太平洋搜索有鳥糞的荒島。根據後來的記載，大約有 100 個「糞島」依據這個法案成為美國的領地。1859 年 7 月，一位名叫米德爾布魯克斯的船長在茫茫的太平洋中發現了一個小島，宣佈其歸為己有並以自己的名字為之命名。不過，歷史資料中並沒有他在島上開採鳥糞的記錄，或許他只是宣告了所有權而已。1867 年，另一位船長獲得了這個島的所有權，然後將其改名為「中途島」。在太平洋中，它距離北美洲和亞洲的距離大致相同，有着重要的軍事價值。在第二次世界大戰中，美國和日本在這個島上打了一仗，就是著名的「中途島戰役」。

　　通過《鳥糞海島法案》成為美國領地的那些島嶼，在鳥糞被採完之後也就失去了價值。後來，美國政府也放棄了它們中的大多數，而鳥糞沒有被開採的中途島，則因為二戰中的一場戰役名揚天下。現在，它是那些沒有被放棄的「糞島」中的一員，作為美國「國家野生物保護區」被保護了起來。

　　太平洋雖然廣袤，但其中的鳥糞也是有限的。20 年間，這些鳥糞已被開採殆盡，美國人「找屎」的風潮逐漸冷卻。肥料問題依然困擾着人類，好在人們注意到南美洲西海岸的阿塔卡瑪（Atacama）沙漠中蘊藏着豐富的硝酸鹽礦。當時，那一片地區屬玻利維亞和智利的地盤，但並沒有明確的歸屬。為了爭奪控制權，智利和玻利維亞之間發生了戰爭，而跟玻利維亞結盟的秘魯也捲了進來，這就是 19 世紀的太平洋戰爭。戰爭從 1879 年開始，1883 年結束，最終智利獲得了勝利，玻利維亞和秘魯戰敗。玻利維亞不僅因此失去了硝酸鹽礦，還失去了海岸綫，從此變成一個內陸國家。而智利的硝酸鹽礦，成了當時世界肥料的來源。遠在歐洲的英國、德國都需要依靠從智利進口硝酸鹽礦來保障糧食生產，以及生產炸藥。

如果沒有它，
世界上一半的人將陷入饑荒

從 19 世紀後期開始，人們已經愈來愈認識到肥料對於農業生產的重要性。隨着人口的增多，沒有足夠的肥料就無法種出足夠的糧食，也就無法養活地球上所有的人。最初的肥料是海島上的鳥糞，然而這種資源很快就被用光。之後，智利的硝酸鹽礦成為世界肥料的主要甚至是唯一的來源。

有識之士也認識到，硝酸鹽礦不可再生，總有採完的一天。於是從 19 世紀後期開始，求助於化學就成為一種共識。空氣中充滿了氮氣，而氫氣也不難獲得，但如何把它們變成氨，就成了化學家們需要解決的問題，然而，他們嘗試了許多方法，都沒有獲得有現實意義的成功。

1904 年，德國化學博士弗裏茨 · 哈伯接受了一個課題——通過實驗來判斷能否把氮氣和氫氣合成氨。這是一個很有挑戰性的課題，而實際上哈伯的個人態度是「不能」。不過，作為一名科學工作者，他並沒有基於自己的傾向下結論，而是和他的助手一起做了實驗。在 1,000℃左右的高溫下，他們用鐵作為催化劑得到了一些氨，但轉化率只有 0.012%。這樣的轉化率沒有任何生產價值，於是他們準備放棄這項研究。

當時有一位化學教授叫能斯特，他名聲顯赫，堪稱學界大佬。他提出了熱力學第三定律，並於 1920 年獲得了諾貝爾化學獎。根據能斯特的理論計算，合成氨的轉化率明顯低於哈伯的實驗結果。能斯特選擇在加壓的情況下做實驗，這樣便於準確地測量產率。1906 年，能斯特告訴了哈伯他的實驗結果，指出哈伯的結果不對。哈伯深受刺激，只好再次重複之前的實驗。這次的結果更為精確，但是實驗結果依然高於能斯特的理論值。

在多數情況下，實驗值和理論值有一定偏差會被人們接受。但能斯特不這麼想，他公開質疑哈伯的結果，暗示其實驗存在問題。

學界大佬的苦苦相逼，給尚未成名的哈伯帶來了巨大的壓力。他和助

手採用能斯特的加壓方式再做實驗，試圖證明自己的實驗並不存在問題。在實驗過程中，他們發現：如果把壓力加到更高（當時能夠達到的最大壓力是200個大氣壓），並把反應溫度降低到600℃左右，那麼合成氨的轉化率能夠達到8%左右。這個轉化率就很有生產價值了。

這一巨大的發現極大地鼓舞了哈伯和助手，與能斯特的較勁也就無關緊要了。他們設計了新的實驗裝置，在1909年7月2日進行了展示。在200個大氣壓和500℃的溫度下催化，氨的轉化率達到了10%。那一天，他們生產出了100毫升的液氨。

這一事件標誌着人類攻克了利用單質氣體合成氨的難題，使人類通過化學方法生產肥料成為可能。當然，這個實驗裝置只是展示了原理，真正要進行工業生產還有太多的實際困難需要克服。巴斯夫公司的卡爾·波什接受了將實驗裝置轉化成工業生產裝置的任務。經過兩年多的努力，波什終於在1912年製造出了日產超過1噸氨的設備。

能斯特大概做夢也沒有想到，一時的意氣之爭會促使哈伯和波什把合成氨從理論上的可能轉化為商業化的生產。他對哈伯的專利提出了異議，認為哈伯的實驗是基於他的實驗來做的。經過談判，巴斯夫公司最後向能斯特支付了共計5萬馬克的酬勞，能斯特因此撤回了對哈伯專利的控訴。

1914年，巴斯夫公司的合成氨工廠已經達到了年產7,200噸的規模。這些氨可以生產出36,000噸硫銨肥料。對於農業生產來說，這是一個巨大的福音。

然而，這一年爆發了第一次世界大戰。氨不僅可以製作肥料，也可以製作炸藥。此前，德國通過海運從智利進口硝酸鹽。戰爭開始後，英國切斷了德國的海上運輸綫，巴斯夫公司合成的氨也被徵用去製作炸藥。歷史學家認為，如果不是這些氨支撐軍火生產，德國可能在1916年就戰敗了。然而，進口硝酸鹽礦被切斷，工業合成氨又被用於軍需，導致用於農業生產的肥料嚴重匱乏，糧食生產也無以為繼。1918年，一戰結束，而糧食的缺乏便是德國戰敗的原因之一。

戰爭伊始，哈伯就把興趣轉向了化學武器。他監製的化學武器在1915

年大規模用於戰爭，造成 5,000 人死亡。他也因此被稱為「化學武器之父」。第一次世界大戰結束之後，哈伯獲得了 1918 年諾貝爾化學獎。這引起了各國科學家的抗議，不過評獎的瑞典皇家科學院堅持認為：合成氨提高了農業生產水準，將造福人類。這也的確是事實，20 世紀世界人口激增，如果沒有以合成氮肥為基石的綠色革命，那麼將會有一半的人陷入饑荒。

初闢：為了吃飽的奮鬥

催熟——讓蔬果突破時空的限制

古代的埃及人通過劃傷無花果樹促使果實成熟，古代的中國人把青澀的梨放在點着香的房間裏促使其變軟變甜，現代花販們會把雲南尚未開的花處理之後運到北京去賣，而水果商販們則用藥水把青香蕉催熟……在這一切看似無關的現象背後，都藏着一隻看不見的手——乙烯。

乙烯在中學化學課本裏就已經出現了，不過大多數人聽到它，首先聯想到的都是冒着白煙、管道交錯的化工廠。沒錯，它就是現代工業中主要的化工原料之一。令人好奇的是，它是如何與蔬果的成熟聯繫在一起的呢？

乙烯與植物，尋找那隻看不見的手

19 世紀，美國和俄國的許多地方都利用木炭不完全燃燒得到的氣體來點燈照明。人們很早就注意到氣體在管道輸送中會洩漏一部分。1864 年，還有人注意到了管道周圍的植物長得跟正常的植物不同，比如枝條更加繁茂。

正如許多重大的科學發現那樣，機遇總是垂青那些細心和好奇的人。1901 年，一個名叫迪米特里 · 奈留波夫的俄國植物生理學研究生在聖彼得堡的一個實驗室裏種豌豆苗。他發現，在室內長出的豌豆苗比室外長出來的更短、更粗，並且豌豆苗不是垂直向上長而是往水平方向長的。在排除了光照等因素的影響之後，他把目光投向了空氣。由於照明氣體的存在，室內空氣中含有一些室外沒有的成分。最後，奈留波夫找到了影響豌豆苗生長的成分——乙烯。而植物的短、粗、橫向生長也就成了檢測乙烯洩漏的三項指標。

科學的車輪滾滾前進。到 1917 年，一個叫達伯特的科學家發現乙烯會促使水果從樹枝上落下，由此乙烯與水果催熟的關係露出了一絲端倪。不過，此前的這些現象都基於外源乙烯。直到 1934 年，英國科學家甘恩從成熟的蘋果中檢測到乙烯的存在，乙烯作為一種植物激素才引起了更多的關注。現

在，植物學家、農學家們不僅搞清楚了乙烯如何產生、如何影響水果成熟，更重要的是學會了利用它來控制水果的熟與不熟。於是，本文開頭所列的那些風馬牛不相及的事情，被這隻看不見的手聯繫了起來。不過，水果的生與熟又是如何界定的呢？

水果如何成熟？

尚未成熟的水果是青澀的，一般而言硬而不甜。青源於其中的葉綠素，澀源於其中的單寧，而硬主要是果膠的緣故，不甜則是因為澱粉還沒有轉化成糖。等到快要成熟的時候，水果就會產生乙烯。乙烯一旦生成，水果中的各個部分就像聽到進攻的號角，紛紛起身，開始了奪取成熟的戰鬥。那一刻，「它不是一個人」：葉綠素酶會分解葉綠素，甚至會產生新的色素，於是綠色消失，而紅、黃等代表着成熟的顏色出現；一些激酶分解了酸而使水果趨向中性；澱粉酶把澱粉水解成糖而產生甜味；果膠酶則分解掉一些果膠，讓水果變軟；還有一些酶分解水果中的特定化合物而釋放出某些氣體，於是不同的水果就有了不同的味道……

自然成熟的水果，意味着種子已經成熟。水果變得香甜可口，客觀上滿足了人類和其他動物的食慾，它們是讓動物們傳播種子而付出的「酬勞」。這大概也能解釋水果好吃而種子卻不能被消化的原因——可以隨着動物們的活動而流浪遠方，在各個角落裏生根發芽。

不知道是為了方便被吃掉，還是為了即使沒被吃掉也能夠回歸大地，不是瓜類的植物也同樣會果熟蒂落。達伯特發現乙烯會促進這一過程。當乙烯到來時，蒂中的細胞就活躍起來。尤其是在果膠酶分解了果膠之後，果實和「母親」的聯繫就變得格外脆弱，稍有風吹草動，它們就會離開「母親」的懷抱。所以，如果牛頓真的是被蘋果砸出了發現萬有引力的靈感，那麼實在應該感謝那一刻附於蘋果身上的乙烯。

遏制乙烯——保鮮的關鍵

許多人關心科學，實際上關心的只是「對我有甚麼用」。然而，科學上的許多發現，實際上對我們真沒有甚麼具體的用處。不過，乙烯的植物激素作用不在此列：明白了它的作用，即使我們不是楊貴妃，也可以吃上萬里之外的新鮮水果。

水果一旦成熟，即使被摘下，內部的生化反應還是難以遏制。比如說，糖轉化成酒精、水果進一步變軟⋯⋯最終我們的肉眼看到的，就是水果爛掉了。另外，這個過程非常短暫（比如香蕉，只要幾天就會爛掉）。

既然知道了一切過程盡在乙烯的掌控之下，那麼我們就可以「擒賊擒王」了。比如，我們在香蕉還未成熟的時候將其收割，放置在生成乙烯最慢的溫度下（科學家們已經發現這個溫度是 13~14℃），就可以保存很長時間而不會爛掉。如果包裝的箱子或者箱內有能夠吸附乙烯的材料，就更有助於把乙烯的濃度控制得更低。到了需要的地方或時刻，沉睡的香蕉被乙烯「喚醒」，就可以在幾天之內變熟，如此一來大大延長了保存時間。一般而言，熱帶和溫帶的水果對乙烯都很敏感，除了香蕉外，通常芒果、奇異果、蘋果、梨、檸檬等都可以採取這樣的方式保存或催熟。

我們經常見到高檔的水果被紙或者泡沫包裹着，這可不僅僅是為了好看或者顯得高檔。就像人體受到外界刺激會產生防禦反應而導致某些生理指標變化一樣，水果「受傷」了也會刺激乙烯的產生。在運輸的過程中，水果難免發生磕碰，而磕碰造成的小傷也足以使它們釋放出更多的乙烯，加速成熟和腐爛。特殊的包裝減少了這種受傷的機會，有利於減少損失。

產生乙烯——催熟的關鍵

雖然人類認識到乙烯與果實成熟之間的關係尚不足百年，但是人類對其應用卻有着久遠的歷史。通常所說的「經驗」，有時候的確蘊藏着科學的真諦。

中國古人採下青的梨，將其放在薰着香的密封房間裏。雖然我們不清楚古人是如何發現這樣可以讓青梨變熟的，但這與今天的水果催熟在原理上是

一樣的。薰香是由一些植物原料做成的，它的燃燒不完全，產生的煙氣中可能含有一些乙烯成分。

古代埃及人的應用看起來更加神奇。他們會在無花果結果之後的某一時期，在樹上劃一些口子，以便果實長得更大，熟得更快。現代科學研究證實，這種看似神奇的做法其實是合理的。1972 年發表在《植物生理學》（*Plant Physiology*）上的一篇論文證實，在無花果結果之後的 16~22 天劃傷果樹，果實中乙烯的生成速度會在一小時內增長 50 倍；在接下來的 3 天中，果實的直徑和重量會分別增長 2 倍和 3 倍；而沒有被劃傷的果樹，果實中乙烯的生成量則只有小幅增長。在中國農村，人們也經常會在核桃結果之後，在樹上砍出傷痕，或許也是出於同樣的原因。

古人是無意識地應用了乙烯與植物生長之間的關係，而現代農業則是有的放矢地利用了這種關係。那些經保存運輸的生水果，在分銷之前需要進行催熟。乙烯是氣體，用起來顯然不方便。現在一般用的是一種叫「乙烯利」的東西，雖然它跟乙烯是完全不同的化學試劑，但是會在植物體內轉化成乙烯。乙烯利的純品是固體，在工業中以液態方式存在，使用的時候要進行高度稀釋，使用起來很方便。低濃度的乙烯利安全無害，所以不用擔心它催熟的水果有害健康。不過，高濃度的乙烯利會燃燒，對人體也有一定損害，廢棄之後還可能對環境造成一定污染。這也是乙烯利備受環保人士和自然至上者質疑的主要原因。

乙烯利的應用不止於此，它還被廣泛應用於促進農作物生長和果實成熟，在番茄、蘋果、車厘子、葡萄、青瓜、南瓜、菠蘿、蜜瓜、棉花、咖啡、煙草、小麥等作物的生產和銷售過程中，都可以發現它的身影。

在某些地方，還有人用電石來催熟水果。電石與空氣中的水反應，會釋放出乙炔。有研究發現，乙炔也有一定的催熟能力，不過所需濃度要遠遠高於乙烯。乙炔本身沒有甚麼問題，但是工業上使用的電石可能含有砷等有毒物質，所以這種「催熟劑」在很多國家是禁止使用的。

如何讓家裏的水果變軟？

一般來說，香蕉、蘋果、葡萄之類的水果如果是未成熟就採摘的，那麼

在分銷之前它們需要經過催熟才能上市，而芒果、番茄、奇異果，可能沒有經過催熟或者沒有完全熟透就被擺上了貨架。

如果買到的是未被催熟或者沒有完全熟透的水果，最簡單的方法當然是耐心地等到它們「慢慢變老」；如果想讓它們儘快變熟變軟，也可以採取一些措施。雖然大家早在中學化學課上就知道了製取乙烯的實驗方法，但是我不建議在家裏進行實驗獲取乙烯，也不建議使用乙烯利等催熟劑；因為這些方法不但成本高，而且具有一定的危險性。

因而，可以採取一些天然的、溫和的、完全沒有危險的方法對水果進行催熟。蘋果和香蕉都能產生相當量的乙烯，所以把它們和要催熟的水果（不管是梨、番茄、芒果還是奇異果）放在一起，都能起到一定的催熟作用。香蕉容易變質，而乙烯主要是由香蕉皮產生，也可以只將香蕉皮和待催熟的水果放在一起。

從理論上來說，「受傷」會促進水果中乙烯的釋放。在民間，有在番茄上插秸稈使其變軟的做法，西方也有「一個爛蘋果毀掉一筐蘋果」的諺語。所以，在要催熟的水果上無關緊要的部位（比如蒂上）製造一些傷痕，或者直接在要催熟的水果中放撞壞的蘋果，或許也有助於加速它們變熟變軟。

「催熟水果」好不好？

說起水果催熟，基本上是千夫所指。人們希望吃到「自然成熟」的水果，本身無可厚非。那些在樹上就成熟的水果，也完全可能味道更好。但是，吃成熟後才採摘的水果，大多只是水果產地的人們的一種特權。

所以，將天然成熟的水果和未熟就採摘然後催熟的水果對比，實在是一件沒有意義的事情。天然成熟的水果再好，吃不到也枉然。而現代農業技術所帶來的這些非自然成熟的水果，至少讓尋常百姓也可以超越時間和空間的限制吃到這些水果。這個待遇，實際上比楊貴妃吃荔枝還略勝一籌。而且，一旦在心理上接受了，這些催熟水果也並不是像自然至上者們所鄙薄的那樣難吃。至於營養，催熟並不會從根本上改變水果的營養成分，食用者大可不必為此擔憂。

哥倫布為歐洲帶回了
粟米也帶回了疾病？

對粟米的馴化是人類發展史上最重大的成就之一。在 7000 年或者更早之前，墨西哥人經過一代又一代的選育，把一種不易種植、不易採收、不便食用的野草，變成了高產、美味的糧食。通過種植粟米，人類可以在較小範圍的土地上穩定地獲得足夠的糧食，從而奠定了定居的基礎。人類社會自此從採獵時代轉向農耕時代。

在採獵時代，人類的食譜非常符合今天的膳食指南：葷素搭配，有獵物，也有野果；食物組成多樣化，遇到甚麼就採獵甚麼；不會熱量過剩，有時還吃不飽，甚至偶爾還斷糧。進入農耕社會之後，人類的食物趨向單一化，而粟米便是人類的主食之一。

不過，粟米的營養組成跟人體的營養需求實在相差太大，最突出的缺陷是缺乏煙酸。人體可以把色氨酸轉化為煙酸，但粟米的蛋白質中偏偏缺乏色氨酸。於是，長期大量食用粟米的人群，就會處於煙酸缺乏的狀態。

煙酸又叫尼克酸，它和煙醯胺（尼克醯胺）統稱為維他命 B_3。煙酸是一種很重要的維他命，缺乏煙酸可能導致噁心、嘔吐、腹瀉、頭痛等症狀。如果長期嚴重缺乏，可能出現貧血和糙皮病。糙皮病的典型症狀是皮膚發炎，裸露的皮膚被陽光照射之後，會變黑、變硬、脫落、流血，嚴重的糙皮病還能導致頭痛、抑鬱、健忘、昏迷等症狀。

雖然美洲人民很早就把粟米當作主食，但直到 15 世紀末哥倫布到了北美洲，歐洲人才知道這種美妙的糧食。也有一種說法，認為在哥倫布之前粟米就傳到了歐洲。

總而言之，歐洲人引入粟米的歷史並不長，但很快，他們就接受了這種高產的作物，並把它也作為主糧。沒想到的是，大量吃粟米的人們逐漸出現了糙皮病。歐洲人最終將粟米鎖定為最大的嫌疑對象。

初辟：為了吃飽的奮鬥

起初，人們猜測粟米中含有某種毒素，甚至以為粟米是某種疾病的載體。然而，粟米從美洲引入，但自古以來就吃粟米的中美洲人民卻沒有暴發糙皮病。毒素和疾病載體的猜測無法解釋這一現象，於是歐洲人開始探討中美洲人加工粟米的方式。

傳統上，中美洲人在對粟米進行「灰化」處理之後才食用。所謂「灰化」，就是用加了石灰或者草木灰的水浸泡粟米，並加熱熬煮。「灰化」處理之後，粟米變得軟嫩且更加可口。

中美洲的古人是怎麼發明「灰化」處理法的，至今無人知曉。後來，人們搞清楚了糙皮病的機理和「灰化」處理對粟米的影響，才明白這對以粟米為主食的人們來說多麼重要——不管是歪打正着還是經驗總結，它解決了煙酸缺乏的問題。原來，粟米中也是有不少煙酸的，只不過成熟粟米中的煙酸絕大部分都與半纖維素形成了複合物，因此不能被人體吸收利用。石灰和草木灰都是鹼性的，用它們來浸泡並加熱粟米，會使半纖維素發生水解，從而釋放出煙酸。

歐洲人把粟米帶回了歐洲，卻沒有帶回「灰化」處理的方法，於是導致糙皮病的流行。糙皮病病人接觸陽光後會引發皮炎；所以他們怕光，而且嚴重的皮炎看起來很恐怖。18 世紀後，吸血鬼的傳說在歐洲流行。傳說中的吸血鬼外表恐怖、怕光，有些類似糙皮病的症狀。這種症狀和時間上的暗合，使得一些人認為，吸血鬼的原型其實就是糙皮病病人。

學會了種粟米卻沒有學會「灰化」處理方法的不止歐洲人，還有美國人。直到 1902 年，美國人才注意到糙皮病，此後發現的病人愈來愈多。當時，美國人也認為糙皮病的來源是粟米攜帶的病原體或者毒素，自然也沒有解決辦法。據統計，1906-1940 年美國的糙皮病病人多達 300 萬，其中有 10 萬人死於該病。

後來，美國人終於發現了糙米病的根源是缺乏煙酸，於是在食物中強化煙酸的使用。對症下藥之後，問題很快解決，於是強化煙酸成了美國食品飲料的傳統。時至今日，雖然已經很少有人大量食用粟米，煙酸缺乏現象也不再多見，但美國的強化營養食品中仍然經常見到煙酸的蹤跡。

廿一世紀吃的真相 — 食物安全真與假

食品行業的「千年狐狸」
創立過期食品超市

在美國，有一家著名的連鎖超市，名為 "Trader Joe's"。這家超市有名員工叫道格・勞奇，他於 1977 年加入公司，1994 年成為公司總裁。直到 2008 年退休，道格・勞奇幫助這家位於南加州、只有 9 家門市的小公司，在數十年間成長為在 30 個州擁有 340 家門市的著名有機食品連鎖超市。截至 2018 年，它已經擴展到美國 40 多個州，連鎖門市多達 455 家。

中國人因為讀音戲稱這家超市為「缺德舅」，實際上這家有機超市的公眾形象相當不錯。在有機行業中，該公司以價格合理、性價比高而著稱。做了多年掌門人的道格足以稱得上食品行業的「千年狐狸」，深諳食品行業的玄機和取悅消費者的方法。

在 2008 年退休之後，道格去了哈佛大學商學院唸書，研究食品浪費的課題。根據美國國家經濟委員會的估計，美國生產的食物有 40% 沒有被吃掉，而是因為種種情況被浪費掉了；平均下來，每人每年浪費的食物大大超過 100 公斤。與此同時，美國農業部宣稱，有近 5,000 萬人不能保證食物供給。

幾十年的食品超市從業經歷，使道格對美國食品供應鏈中的浪費現象有着更為深刻的認識。跟任何其他食品供應商一樣，「缺德舅」的所有食物都有一個過期日期。超過或者臨近這個日期，食物就會被扔掉。

道格認為，公眾對於這個過期日的認識是不全面的。他深知，這不是判定食品好與壞或者安全與否的標準。比如說，過期日的常見形式為「在 ×× 之前銷售」、「在 ×× 之前使用」、「在 ×× 之前最好」等，這些本來就是生產者自己設定的，實際上只是如何處理食品的一些指南。

對於食品超市和飯店來說，過了過期日的食品就不能再銷售。實際上，這並不是法律的要求，而是食品供應商自己的決定。在美國，除了嬰兒奶粉

以及一些嬰兒食品，這些過期日期並沒有法律上的強制性。臨近過期日或者過期幾天，食品也可能完全是安全的。

2013 年，道格決定將這些食物收集起來，提供給那些難以獲得足夠健康食物的人。起初他打算做成免費食堂，但考慮到「免費」可能會傷害到接受者的自尊，於是改成了超市。

道格把這個超市命名為「每日一餐」（Daily Table）。一方面，作為非營利機構，超市有稅收上的優惠。另一方面，很多食品來自捐贈——那些食品生產商、批發商、經銷商和餐館很樂意把本來要扔掉的食品捐贈給超市。尤其是一些蔬菜水果，僅僅是因為外觀有一些瑕疵，或者大小不符合標準，而被傳統超市拒絕。這樣的蔬果，其實營養和安全絲毫不受影響，但生產者也只能選擇將其扔掉。把這些因為「顏值」不夠而被傳統超市拒絕的食品捐給「每日一餐」，實際上等於給它們找到了用武之地。這樣一來，「每日一餐」的食品價格就可以非常低廉，價格只有市場平均價格的一半，比如，每磅①香蕉 29 美分（約港幣 $2.25）、每磅蘋果 69 美分（約港幣 $5.36）。但消費者畢竟是花了錢買的，因此也就避免了給他們「被施捨」的感覺。

推行「每日一餐」並非一帆風順。最早的阻礙來自監管。食品安全問題的敏感性使得政府寧願「矯枉過正」，也不願意「留下隱患」。但道格沒有放棄，他不斷地遊說政府。或許是道格食品行業成功人士的身份和「非營利超市」的道德制高點，他的想法最終獲得了許可。

在 2013 年的一次媒體採訪中，有記者提問：「有人說你試圖把富人的垃圾賣給窮人，是這樣嗎？」對此，道格回答說：「我在一些社區召開了幾次居民會議。當人們聽說我只是打算回收批發的、健康的食物，然後用它們來提供經濟實惠的營養時，我得到的是人們積極的反饋。」

2015 年 6 月 4 日，第一家「每日一餐」超市在波士頓的一個多元化社區開張。道格說：「我們希望當人們進來時，有購物感、尊嚴感，以及能帶給家庭的自豪感。」這個店的成功，使他相信這是解決食物浪費的途徑之一。或許在不久的將來，「每日一餐」的標識，也會出現在其他國家、其他城市。

①1 磅 ≈ 454 克。——編者注

第二章
進化：那些食品添加劑的前世今生

反式脂肪的前世今生

　　2018 年 5 月，世界衛生組織發佈了一個名為「取代」（replace）的行動指南，向反式脂肪發出了最後的宣戰。這份檔指出反式脂肪每年導致 50 萬人死亡，號召各國政府實施這個行動指南，在 5 年內徹底清除食品供應鏈中的工業反式脂肪。

　　這個死亡人數讓人觸目驚心。許多人無法理解，危害這麼大的東西，怎麼不直接禁止？

　　反式脂肪是怎麼來的，又是如何危害健康的呢？在生活中，自己又會不會受到它的「毒害」呢？下面來一一講解。

反式脂肪的前世

　　植物油的氫化技術發明於 1902 年。那個時候，世界各國都還沒有建立起食品監管體系。一種新技術或者新產品，人們「覺得可以」就生產銷售了；消費者覺得「吃着還行」，就買來吃了。那個時代，美國人種大豆主要是為了蛋白，大豆油並不符合他們的飲食習慣。氫化技術把大豆油變得像牛油一樣，加上牛油緊缺，也就大受歡迎。就這樣，美國人民吃了幾十年的氫化大豆油，到 20 世紀 50 年代因為其「悠久的食用歷史」還給了它「公認安全」（Generally Recognized as Safe，以下簡稱 GRAS）的認可。

　　1956 年，醫學期刊《柳葉刀》上的一篇報道稱，氫化植物油會導致人體內的膽固醇升高，而編輯評論進一步指出氫化植物油可能導致冠心病。不過，這個説法並沒有明確的科學數據支持，也就一直沒有引起重視。

　　直到 20 世紀 90 年代，反式脂肪才引起人們的關注。

　　食用油的分子結構是甘油分子的「骨架」上連接脂肪酸分子。連接不同的脂肪酸，就構成了不同的油。脂肪酸分子有「飽和」與「不飽和」之分。飽和脂肪酸分子中，碳原子上所有能夠連接氫原子的位點都已經被佔據了；

而不飽和脂肪酸中，存在相鄰的兩個碳原子，各自都還有一個位點沒有被氫原子佔據，而是相互「搭幫」形成一個「不飽和雙鍵」。不飽和脂肪酸熔點低，在常溫下是液態，比如大多數的植物油。在催化劑的幫助下，可以把不飽和雙鍵打開，在相應的兩個碳原子上加上氫原子，不飽和鍵就變成了飽和鍵。這個過程，就是「氫化」。氫化的程度愈高，植物油的飽和程度愈高，油的特性也就愈像牛油等動物脂肪。

不飽和脂肪酸有兩種「空間構型」，植物油中的天然構型被稱為「順式」。經過氫化，不飽和雙鍵加上氫變成了飽和鍵，也就不存在構型的問題了。但在工業加工中，並不是所有的不飽和雙鍵都會被氫化，有一部分雙鍵從「順式構型」變成了「反式構型」，最後沒有被加上氫，就成了「反式脂肪」。

因為空間構型的不同，反式脂肪在人體內的代謝途徑與順式的不同，這一不同會導致血液中的壞膽固醇增加而好膽固醇降低。1997 年，《新英格蘭醫學雜誌》發表了哈佛醫學院等機構的一項研究，結論是反式脂肪的攝入會增加冠心病的發生率。此後，類似的研究愈來愈多，「反式脂肪危害心血管健康」有了充分的證據。此外，還有許多研究探索反式脂肪對其他疾病的影響，不過迄今並沒有很令人信服的證據。

各國對反式脂肪的「打壓」已經進行了很多年

心血管疾病是人類健康的大敵，反式脂肪又是「工業加工」的產物，所以世界各國紛紛開始對反式脂肪的使用進行限制。

反式脂肪在國外成為一個巨大的健康問題，是因為它有着近百年的使用歷史，在各種食品中使用非常廣泛。如果直接停用，食品行業一時無法找到適當的替代品，食品供應鏈將難以維持，所以只能逐步推進。比如美國，1999 年開始要求標準含量，美國人的反式脂肪攝入量有了明顯下降。但下降之後也依然不低，到 2013 年，FDA（美國食品藥品監督管理局）進一步

進化：那些食品添加劑的前世今生

取消了部分氫化植物油的 GRAS 資格，要預先批准才能使用，幾乎相當於「禁用」了。而經過這十幾年的發展，食品行業也找到了許多代替氫化植物油的方案，從而使得「清除」成為可能。

中國的情形有所不同。氫化植物油主要用於加工食品中，而加工食品在中國的發展歷史並不長。可以説，氫化植物油在中國還沒有廣泛進入人們的生活，就已經警報聲四起，逐漸走向末路。

反式脂肪在中國的現狀

其實，絕大多數中國人的反式脂肪攝入量都不足為慮。世界衛生組織制定的控制標準是「每天來自反式脂肪的供能比不超過 1%」。供能比是指某種食物提供的熱量佔人體攝入的總熱量的比值，1% 的供能比大約相當於 2.2 克反式脂肪。根據「中國居民反式脂肪膳食攝入水準及其風險評估」的結果，即使是在北京、上海、廣州這些現代大都市，反式脂肪的平均佔能比也只有 0.26%，其他中小城市和農村地區就更低了。當然，這只是一個平均值，人群中可能會有一部分人對這個「平均值」做了更大的「貢獻」，也就需要警惕。比如説，那些經常食用威化餅乾、忌廉麵包、薄餅、夾心餅乾、植脂末奶茶的人，就有可能攝入更多的反式脂肪。

中國消費者，更應該關注食物本身而不是反式脂肪

在中國，國家標準要求原料中有氫化植物油的預包裝食品必須標注反式脂肪含量。這條法規的實施，加上消費者對於反式脂肪的反感，現在的中國市場上已經很難見到含有反式脂肪的食品。即使是有些食品要用到「氫化油」作為原料，也會通過改進氫化工藝或者控制食用量，使得它們滿足「反式脂肪含量 G0.3 克 /100 克」的標注閾值，從而可以標注為「0」。偶爾吃一些這樣的食品，反式脂肪對健康的影響也微乎其微了。

相對於反式脂肪對健康的影響，中國消費者更應該關注油的總食用量以及飽和脂肪酸的攝入量。食用油攝入過多意味着熱量攝入過多，飽和脂肪酸攝入過多也同樣不利於心血管健康。而且，高脂肪食物往往伴隨着高鹽或者高糖，而「高油、高鹽、高糖」才是當今中國居民的飲食中最大的三個風險因素。

註：根據香港的營養標籤法例，營養標籤須標示食物的「核心營養素」包括
　　能量、蛋白質、碳水化合物、總脂肪、飽和脂肪、反式脂肪、鈉和糖。
　　唯每 100 克含少於 0.3 克反式脂肪的食品可在標籤上標示為每 100
　　克含 0 克反式脂肪。

進化：那些食品添加劑的前世今生

糖精的百年故事

　　糖精可以説是家喻戶曉的一種東西。提起它，大概每個人都能脱口而出一系列説法甚至故事。它曾經是甜味劑中無可爭議的王者，也曾經帶給人類許多恐慌。

　　在過去的百多年中，糖精經歷了無數風雨。從中，我們可以看見一些熟悉的影子。在食品安全和管理上，我們彷彿在重複着別人的故事。

糖精的發現：違規冒險靠「人品」

　　關於發現糖精的細節，有各種各樣的傳説。不管是哪種傳説，都是一系列違規犯錯的結果。如果以今天的實驗室安全管理條例為標準，那麼當事人足可以被開除幾次。

　　一般認為，糖精的直接發現者是俄國人康斯坦丁 · 法赫伯格。1877 年，巴爾的摩一家經營糖的公司僱用法赫伯格來分析糖的純度。但是這家公司沒有實驗室，所有的分析實驗是在約翰 · 霍普金斯大學的一個實驗室中進行的。這個實驗室的老闆是化學家伊拉 · 萊姆森。在完成糖純度的分析之後，法赫伯格跟萊姆森和實驗室的人也混熟了，於是他向萊森姆申請參與實驗室的研究實驗。1878 年年初，萊姆森同意了他的申請。

　　當時，萊姆森的實驗室正在研究煤焦油的衍生物。1878 年 6 月的一天，法赫伯格回家吃飯，發現那天的食物非常甜。在確認他的妻子沒有多放糖之後，他相信是手上沾了甚麼甜的東西——機遇垂青了這個直接用手吃飯的人，如果他用刀叉的話，那麼很可能就與這一偉大的發現擦肩而過了。實際上，這種很甜的東西在之前也被合成過，只是沒有人嘗過，也就無從知道它是甜的。

　　做完實驗之後沒有好好洗手就離開實驗室，已經是違反安全規範了；飯前不洗手，更是錯上加錯。如果這些都可以説是無心的，那麼法赫伯格接下來的舉動才足夠瘋狂。他回到實驗室，把各種容器裏的東西都嘗了一遍，最

廿一世紀吃的真相 — 食物安全真與假

後在一個加熱過度的燒杯裏發現了這種很甜的物質。1879 年，法赫伯格和萊姆森共同發表了一篇論文，介紹了這種叫「鄰苯甲醯磺醯亞胺」的化學物質以及其合成方法。在論文中，他們提到了這東西比蔗糖還甜，但是沒有談及其可以用於食物中。

法赫伯格通過嘗遍實驗室中各種東西找到了這種後來被稱為「糖精」的東西；不過大家最好還是不要模仿這種行為。法赫伯格沒有嘗到任何一種有毒物質，那說明他的運氣實在是太好了。用今天的話來說，他這些嚴重「玩火」的行為沒有發生危險，大概只能用「人品好」來形容了。

不過，法赫伯格的人品其實並不怎麼樣。這一發現是他在追隨萊姆森的研究時偶然發現的，發表的論文也是與萊姆森作為共同作者署名的，然而在 1884 年，已經離開了萊姆森實驗室的法赫伯格，卻在德國悄悄地申請了專利。當時，這項在德國的專利在美國也有效。這樣的曲綫策略，使法赫伯格在未引起萊姆森注意的情況下獨自獲得了糖精在美國的專利。他給這種名字很長的物質起了一個名字 "saccharin"（在中文裏，被翻譯成糖精）。萊姆森是一名相當清高的科學家，一貫看不起工業化學，對此也沒有在意。1886 年，法赫伯格又申請了專利，並以糖精的唯一發現者自居。隨着「法赫伯格發現了糖精」這一說法的廣泛傳播，萊姆森終於憤怒了，向整個化學界痛斥法赫伯格是一個「無賴」。

按照美國當今的專利制度，既然法赫伯格和萊姆森已經發表了關於糖精的論文，那麼關於糖精的專利就不能再申請了。如果法赫伯格後來發現了新的方法來合成糖精，那麼專利保護的只能是這種方法，而不是糖精本身。換句話說，他的專利可以阻止其他人用他的新方法來生產糖精，但是別人可以用當初論文中描述的方法來生產糖精，而糖精本身並不受專利保護。反過來，如果法赫伯格申請的專利是針對糖精這種新物質的保護，那麼萊姆森應該也是發明者——只要萊姆森有證據證明他參與了這項發明，如果法赫伯格的專利申請中沒有他的名字，那麼這項專利就失效了。

進化：那些食品添加劑的前世今生

或許是萊姆森只是想作為糖精的發現者之一被世人承認，又或許是當時的專利制度還不完善，總之萊姆森發怒也就沒用處了。而法赫伯格不為所動，依然悶聲發大財。

法赫伯格僱了一個人在紐約生產糖精作為飲料添加劑，產量是每天 5 公斤。當時，糖被神話了，甚至被用來治療各種疾病，而同樣有甜味的糖精也很快流行開來。人們不但拿它搭配咖啡、茶，還用它來保存食品，甚至用來治療頭痛、噁心之類的小毛病。

禁還是不禁：政府、商業與科學的角力

糖精是人類最早使用的非天然食物成分。隨着它的應用日益廣泛，人們對其是否安全的擔憂也與日俱增。

在賣糖精之前，法赫伯格進行了一些安全測試。

傳說中的測試之一：法赫伯格自己一次性吃下 10 克糖精。糖精的甜度是蔗糖甜度的 300~500 倍，10 克糖精產生的甜度相當於幾公斤蔗糖的甜度。面對不知道是否有害的糖精，法赫伯格充分表現出一個商人的冒險特質。在吃下 10 克糖精的 24 小時後，他沒有感到異常，於是認定糖精是安全的。

傳說中的測試之二：法赫伯格讓志願者吃下糖精，幾個小時後收集他們的尿液並對其進行檢測，發現糖精基本上被排出了。於是他認為糖精不會對人體造成損害。

按照今天的標準，這些測試並沒有甚麼説服力。首先，樣本數量有限，其次，這些測試只對非常急性、劇烈的毒性有效，而對於長期、緩慢、輕微的毒害，是完全無能為力的。

不過，在當時的科學技術條件下，人們對食品安全的認識也就止於這種程度。當時的美國，食品生產亂象叢生，各種摻假、劣質，以及亂七八糟的添加物層出不窮。美國農業部化學局的負責人哈維 ‧ 威利曾經組織一個試毒小組來檢驗當時用在食品中的「化學試劑」的安全性。他的方法並不比法赫伯格的方法科學：讓 12 名志願者吃下被測試的物質，逐漸增加劑量，直到

廿一世紀吃的真相 — 食物安全真與假

有人出現嚴重反應為止。

哈維 · 威利的「試毒實驗」爭議很大，引起了公眾的關注和政府的重視。1906 年，美國國會通過了《純食品與藥品法案》，政府開始對食品安全進行管理。當時負責實施這一法案的農業部化學局後來發展成為獨立的 FDA，威利則被後人稱為「FDA 之父」。

威利是糖化學專家，對於糖精，他一直深惡痛絕。他認為這種來自煤焦油的物質沒有任何營養價值，而且會危害人類健康。所以，他負責實施的管理法案最早的目標之一就是控制糖精的使用，雖然這一觀點並沒有科學依據，不過比較符合大眾心理，在中國依然盛行。

不過，當時威利領導的部門並沒有甚麼權力，只能寄望於取得總統羅斯福的支持。但是羅斯福是糖精消費者，對於他來說，天天吃糖精並沒有感到有甚麼不妥。

當時還有一名眾議員詹姆斯 · 謝爾曼，他代表糖精生產者極力反對威利的計劃。這名議員很有政治影響力，幾年後成為美國的副總統。在跟羅斯福的討論中，他聲稱自己所代表的公司在前一年通過使用糖精節省了 4,000 美元——這在當時是一筆不小的資金。未等羅斯福點名，威利就反駁說：「任何吃那種甜粟米的人都被欺騙了，他們認為自己在吃糖，而實際上吃的是完全沒有營養價值且有害健康的煤焦油的產物。」在和威利的激烈爭吵中，羅斯福說：「任何說糖精有害健康的人都是白癡。」於是，討論不歡而散。

不過，不管是羅斯福、謝爾曼還是威利，都清楚自己的主張並沒有充分的科學依據。尤其是羅斯福，他第二天便組織了一個專家委員會重新考慮此前關於食品添加劑的政策。負責這一委員會的，是約翰 · 霍普金斯大學的校長伊拉 · 萊姆森，正是被法赫伯格害了的化學家。專家委員會最先評估的，就是糖精和苯甲酸鹽。

法赫伯格已經靠糖精發了財，而萊姆森卻連糖精專利的署名權都沒有得到，因此萊姆森對法赫伯格深惡痛絕。不過，他並沒有公報私仇，作為科學家他表現出了專業精神，給出了「少量食用糖精不會有害健康」的結論。這個代表科學界的聲音對於威利來說是一個很大的打擊。從某種程度上說，這

進化：那些食品添加劑的前世今生

甚至是威利官場生涯走下坡路的開始。

1906 年的《純食品與藥品法案》可以説是羅斯福與威利攜手的傑作，但是羅斯福並不喜歡威利的性格。羅斯福總統的接任者威廉‧塔虎脫也不喜歡威利。威利的政治生涯步履維艱，隨着幾次有爭議的決策以及他領導的部門爆出財務醜聞，威利黯然離開了他奮鬥多年的部門。雖然不久之後塔虎脫總統還他清白，但是覆水難收，哈維‧威利的仕途永遠終結了。

在萊姆森領導的專家委員會給出「少量食用糖精不會有害健康」的結論之後，威利以退為進，扳回了一局。他提出，由於糖精在各種食品中被廣泛使用，因此人們的實際攝入量很可能會超過萊姆森所説的少量。根據這一理由，他提出了一項新的方案：在食品中加入糖精是摻假行為，將不被允許。工業界的律師們開始反擊，管理部門的立場一度動搖。不過，這一規定最後還是通過並實施了。自此，糖精只能直接賣給消費者，而不能充當食品中的糖替代品。

另外，管理部門也同時承認，糖精有害的證據很微弱，使用的理由主要是糖具有營養價值而糖精沒有。令人始料未及的是，這一説明反倒大大促進了糖精的流行。那時候，人們已經開始追求低熱量飲食，而沒有營養價值的糖精正好滿足了人們的這一需求。

添加劑修正案的迷惘：如何確定安全

「不許加到食品中，但是允許單賣」的規定實際上是工業界和政府妥協的產物，也表明雙方都沒有可靠的證據來支持自己的主張。法赫伯格的安全證據只是沒有吃死人，而威利的有害理由則是非天然產物。這兩種理由在今天的中國依然很流行，威利的理由更是食評家們的「無敵神掌」。

不過對於公眾來説，這項規定並沒有太大影響，反正人們可以把糖精買回家後加到食品中。是否使用糖精還與其他因素有關。比如第一次世界大戰期間，蔗糖短缺，糖價飛漲，於是糖精的銷量大增。一戰結束，糖價回落，人們又轉向蔗糖。到了二戰期間，這種情形再度上演。

二戰之後，美國人的生活方式發生了改變——加工食品愈來愈多，人們

自己做飯愈來愈少。糖精到底是否安全？能否用於加工食品中？這些問題愈來愈引發人們的關注。

1958 年是 FDA 歷史上重要的一年。當時，FDA 執行的是 1938 年通過的《食品、藥品與化妝品法案》，在來自紐約的國會議員詹姆斯・德萊尼的推動下，FDA 又增加了「德萊尼條款」，規定不能在食物中加入任何致癌物。

這當然是無比正確的條款。但問題是，如何判定一種東西是否致癌？前面提及的法赫伯格和威利等人評估食品安全的方式都很初級，作為執法標準就很困難。二戰之後，科學家逐漸開始用動物來進行長期的隨機對照試驗，以觀察食物是否具有慢性或者輕微的毒性。食品安全的評估逐漸成為專業性很強、投入很大的研究。更重要的是，很難再用「有害還是無害」這樣非黑即白的標準來評價食物。劑量與風險之間的關係，利益與風險的平衡，使得立法與執法變得異常複雜。

1958 年，FDA 還通過了《食品添加劑修正案》，規定任何食品添加劑在上市之前必須經過 FDA 的安全審查，但在文末又列出了幾百種 GRAS 認證的物質。GRAS 也就成為此後美國新食品成分的追求目標。當時認定 GRAS 的標準，最主要的就是「在長期的使用中沒有發現危害」。糖精已經使用了好幾十年，也沒有發現危害，於是也獲得了 GRAS 資格。

一種物質在使用幾十年後沒有造成明顯危害就被視為安全物質，這在科學上並不嚴謹。但是這樣的思路很符合大眾思維——對於祖先們吃了上千年的食物、藥物，即使發現了證明其有害的證據，也經常被忽視；而新的食物、藥物，哪怕經過了廣泛的科學檢測，也會因為萬一有害而被拒絕。

但很快，GRAS 的這種認定方法就遭遇了挑戰。

實際上糖精並不是一種很好的甜味劑——它的甜味並不純正，吃過之後的餘味很差，濃度高了還有苦味。1937 年，伊利諾伊大學的一位研究生發現了甜蜜素。這種物質的甜度是蔗糖的 30~50 倍，它本身的甜味也不純正，不過它的價格比糖精要低。更重要的是，當甜蜜素和糖精混合使用的時候，能夠掩蓋彼此的缺陷，從而獲得更接近蔗糖的甜味。1958 年，甜蜜素也獲得了 GRAS 的資格。

進化：那些食品添加劑的前世今生

1968 年，一項研究發現，在 240 隻餵了大劑量甜蜜素和糖精混合物（二者比例 10：1）的老鼠中，有 8 隻患了膀胱癌。雖然這個「大劑量」實在太大——相當於一個人每天喝 350 罐無糖可樂，但是根據德萊尼條款，它畢竟也是致癌物。1969 年，甜蜜素成了德萊尼條款的第一個「關照對象」。

禁用甜蜜素並沒有引起大的反響。一方面，德萊尼條款是政治正確的產物；另一方面，人們還有糖精可用，禁用甜蜜素對人們的生活影響不大。這個問題的直接影響是讓人們思考：那些獲得 GRAS 認證的，真的是安全的嗎？與甜蜜素唇齒相依的糖精，也因此再一次被推到了風口浪尖。

消費者與 FDA 之爭

1970 年，幾項研究先後表明，大量餵食糖精的老鼠患膀胱癌的概率增加了。1972 年，FDA 取消了糖精的 GRAS 資格，並打算禁止使用。然而反對者指出，可能不是糖精，而是其中的雜質導致了這一結果。於是，FDA 採取了限制而非禁用的過渡方案，等待進一步的科學結論。1974 年，美國科學院在審查了當時所有的研究數據之後，認為不能確定老鼠患膀胱癌是由糖精所致。於是 FDA 的「過渡方案」繼續施行。

1977 年，加拿大對老鼠進行的研究顯示，確實是糖精而不是其中的雜質導致雄鼠患膀胱癌的概率增加。於是，禁用糖精的理由便相當充分了。

加拿大旋即禁用糖精，FDA 也準備跟進。糖精行業從業者不希望這個提案被通過，於是積極發動群眾反對。馬文 · 艾森斯塔德是卡路里控制委員會的主席，他的公司就生產著名的糖精 Sweet'N Low（一個糖精品牌，意即「甜且低熱量」）。馬文在電視和廣播上頻頻露面，討論禁用糖精的事情。他不認可動物研究的結論，認為糖精是否安全已經被人們的實踐檢驗過了，食用糖精是人們的權利。此外，馬文還以卡路里控制委員會的名義在《紐約時報》上發佈廣告，除了否認糖精有害的說法，更以公眾權利為訴求，反對由政府來決定消費者吃甚麼。

此外，糖精是當時唯一的甜味劑，被禁用的話將導致糖尿病病人無法吃甜食，而那些希望通過低糖飲食來減肥的人也將大受影響。糖精工業界鼓動消費者向國會抗議，得到了大眾的積極響應。國會在一周內收到了百多萬封

信反對 FDA 禁用糖精。與此同時，人們開始囤積糖精，「用錢投票」，導致糖精的銷量瘋狂增長。

我們從中可以再次看到政治正確和複雜現實之間的矛盾。德萊尼條款當然是正確的，但甚麼致癌？用甚麼標準來判定一種物質是否致癌？動物實驗的結果是否跟其對人體的影響一致？當科學不能給出明確的答案時，馬文等人就可以把科學決策轉化為公共關係和民主權利的問題，從而讓科學靠邊站。

在高昂的群眾呼聲中，美國國會順應民意，否決了 FDA 的提案。不過，要求在含糖精的食品包裝上注明警示資訊──「食用本產品可能有害健康。本產品含有糖精，在動物實驗中它導致了癌症」。無論如何，這個方案向消費者傳達了準確的信息，把吃不吃糖精的選擇權交給了公眾自己。同時，美國國會設置了兩年的緩衝期來收集更多科學證據。

跟 1912 年限制糖精的結果一樣，「糖精可能在兩年內被禁用」的消息大大促進了糖精的銷售。不僅使用者囤積糖精，還有不少新的顧客也加入進來。1979 年，有 4,400 萬美國人經常使用糖精，佔當時美國總人口的20%。

兩年之後，科學界還是沒有給出令人信服的「結論」，於是禁用糖精的提案再度延期，如此這般 20 年過去了。後來，許多流行病學調查表明，沒有發現糖精的使用有害健康。此外，人們又發現雄鼠之所以會患膀胱癌，是因為其尿液中的 pH 值、磷酸鈣和蛋白質含量都很高。雄鼠長期食用大量糖精，會使糖精在尿液中產生沉澱，而這些沉澱物就是致癌的根本原因。人類的尿液與雄鼠的完全不同，也就不會發生這種現象。1998 年，美國《國家癌症研究所雜誌》發表了一篇論文，研究表明，3 種不同種類的 20 隻猴子24 年來長期被餵食糖精，劑量是人體安全劑量的 5 倍，沒有發現猴子患膀胱癌或出現其他不良變化。

實際上，在 1991 年，FDA 就撤回了 1977 年的那份禁用糖精的提案。到了 2000 年，克林頓正式簽署法令，取消了含糖精食品的那則警示。

自此，在科學和管理層面上，糖精的安全性爭議基本偃旗息鼓。在消費

進化：那些食品添加劑的前世今生

者與 FDA 的鬥爭中，消費者完勝。不過，這其實只能算一個極為偶然的特例。公眾相信安全而專業機構發現有害的例子，遠比糖精這樣的特例要多得多。公共衛生政策的制定是一件高度專業化的事情，對於那些掌握第一手研究數據或更有能力正確理解那些研究數據的專業人士來説，尚且不是一件容易的事情，而那些容易受其他因素影響的普通人士，就更難做出最合理的判斷了。

今日糖精：沉舟側畔千帆過

在美國，糖精最終獲得了「自由之身」。而在加拿大，它依然在禁用名單中，不過主管部門已經承認「糖精無害」的結論，開始了解禁的程式。至於甜蜜素，FDA 也認為對其「致癌」的指控不成立。只是現在的甜味劑已經很多，甜蜜素是否被解禁，也就沒有甚麼人關注了。

在中國，糖精和甜蜜素都是被批准使用的，但許多人還是擔心吃得過多會有負面影響。實際上，任何食物加入甜味劑都是為了甜味，加得太多並沒有意義。目前，國際食品添加劑專家委員會（JECFA）制定的糖精安全標準是每天每公斤體重的攝入量不超過 5 毫克。這相當於一個 60 公斤的人每天吃 300 毫克糖精（300 毫克糖精的甜度相當於 90~150 克蔗糖）。就正常人而言，每天吃這麼多糖實在是甜得發膩。

甜蜜素在幾十個國家被批准使用。國際食品添加劑專家委員會的安全標準是每天每公斤體重的攝入量不超過 11 毫克。如果跟其他甜味劑或者糖混合使用，那麼它的甜度還會更高。也就是説，如果使用甜蜜素來獲得通常的甜度，是很難超過安全標準的。

雖然糖精在法律上被批准使用，糖精市場卻在逐漸萎縮，甜味劑市場上早已出現了阿斯巴甜、三氯蔗糖等口味更優、加工性能更好的後起之秀。

三氯蔗糖，何去何從？

　　20 世紀 70 年代，泰萊公司和英國伊莉莎白皇后學院合作研究一種殺蟲劑。在某一次實驗樣品做好之後，教授讓他的學生去 "test"（檢測）一下，而那位學生聽成 "taste"（品嘗）一下，也沒有多問，就真的用自己的舌頭去嘗了嘗。

　　從實驗室管理的角度說，這是一個嚴重違反安全規範的操作。如果這種「殺蟲劑」有劇毒，那麼這位學生可能就為科學獻身了，而這位教授也脫不了關係。但這個可能產生致命後果的操作，卻催生了一項偉大的發現——這東西太甜了！

　　這個樣品是蔗糖的三個羥基被氯原子取代後的產物，叫作「三氯蔗糖」。在中文裏，也有人把它叫作「蔗糖素」。它的甜度是蔗糖的 600 倍——而且，跟當時已經廣泛使用的甜味劑糖精和阿斯巴甜相比，它不僅甜度高，而且甜味更加「純正」，這使得它作為甜味劑會比糖精和阿斯巴甜更有優勢。

　　泰萊公司申請並獲得了專利。不過，要想它成為甜味劑，還必須經過安全性證明，並且獲得政府的批准。

　　三氯蔗糖進入胃腸後的吸收率很低，只有大約 11%~27%，其他的直接排出體外。在吸收的這部分中，又有 70%~80% 經過腎臟從尿液中排出，只有少部分被代謝。有許多研究機構對它進行了安全測試，迄今為止至少有 110 項人體或者動物實驗。這些研究考察了它的致癌性，對生殖系統以及神經系統等的影響，都沒有發現有不良反應。還有一些動物實驗用「極其大的量」去餵養動物，觀察到一些不良後果，比如 DNA 損傷、乳腺減少等。不過出現這些後果所需要的劑量實在是太高了，遠超過正常情況下的攝入量，因此也就不足為慮。

　　基於這樣的安全評估結果，國際食品添加劑專家委員會 1990 年確定了三氯蔗糖可以用作食品甜味劑，允許的攝入量為每天每公斤體重 15 毫克。按照這個「安全劑量」，一個 60 公斤的人每天可以攝入 0.9 克三氯蔗糖，

進化：那些食品添加劑的前世今生

其甜度相當於 540 克蔗糖。即使是極其喜歡甜食的人，也不大可能長期每天都吃下這麼大量的甜食。所以，實際上，三氯蔗糖不會被用到「超標」。

1991 年，加拿大率先批准了三氯蔗糖的使用。接着，澳洲和新西蘭也批准了它的使用。此後，中國、美國和歐盟也分別在 1997 年、1998 年和 2004 年批准了它的使用。到 2008 年，世界上多數國家和地區都批准了它的使用。

三氯蔗糖獲得了食品添加劑的身份，擁有它的生產專利的泰萊公司自然成了最大的贏家。他們推出了甜味劑 splenda，中文名稱叫作「善品糖」。

在三氯蔗糖之前，市場上主流的甜味劑是糖精和阿斯巴甜。而三氯蔗糖比它們的甜度更高，甜味更純正，還能耐受高溫。所以，它一經上市就大受歡迎，打得糖精和阿斯巴甜節節敗退。

泰萊公司擁有三氯蔗糖的專利，所以獨家生產銷售。三氯蔗糖相對於其他甜味劑有品質上的優勢，雖然賣得很貴卻依然銷量巨大。

三氯蔗糖的生產技術其實並不複雜。其他廠家不能生產的原因，是知識產權受保護。不過，泰萊公司在中國並不受專利保護，所以中國廠家可以生產。很快，中國出現了很多生產三氯蔗糖的廠家，使得價格急劇下降。而且，中國產的三氯蔗糖還大量進入美國，迫使泰萊公司不得不降價。

2007 年，泰萊公司指控多家中國企業侵犯其美國專利。這就是「337調查」。如果指控成立，美國國際貿易委員會將會禁止中國的三氯蔗糖進入美國。幾家中國企業積極應訴，收集了大量證據並且據理力爭。2009 年 4 月 6 日，國際貿易委員會終審裁決，這些應訴的企業沒有侵權，其產品可以自由進入美國。不過，那些沒有應訴的企業就被判侵權，失去了出口美國的資格。

需要提醒大家的是，三氯蔗糖雖然沒有熱量，但是它的甜度實在太高了。直接用的話，如果需要加 1 勺糖，用三氯蔗糖只需要 1/600 勺——這完全無法操作。所以，提供給消費者使用的三氯蔗糖甜味劑（比如善品糖），是加入了大量麥芽糊精或者葡萄糖的「商品」，而不是純的「三氯蔗糖」。這樣，

用起來就方便了。

但是，麥芽糊精和葡萄糖的熱量值跟糖一樣高，升糖指數也很高。善品糖的甜度跟蔗糖一樣，密度約為蔗糖的 1/3，所以重量和熱量也約為蔗糖的 1/3。換句話說，三氯蔗糖是「無熱量」的，但是善品糖這樣的「三氯蔗糖甜味劑產品」並不是——實際上，只有每份只裝 1 克（大約相當於 3 克蔗糖的甜度），才能因為熱量少於「標注閾值」（5 大卡）而標注為「0 熱量」。

雖然三氯蔗糖已經通過了安全審查獲得了食品添加劑的「通行證」，它的應用也愈來愈廣泛，但科學家們對它的安全性探討並沒有停止。2014 年《自然》雜誌上發表了一篇論文，就對它的安全性提出了一些質疑。那篇論文發現，食用包括三氯蔗糖在內的甜味劑會影響腸道菌群，從而增加葡萄糖不耐受的風險。

2019 年美國糖尿病協會年會上有一個報告，指出「人工甜味劑也能增加 2 型糖尿病的風險，增加幅度跟糖差不多」。2019 年 9 月 3 日，《美國醫學雜誌》發表的另一項流行病學調查則更嚇人：每天喝兩杯含糖或代糖軟飲料都關聯較高死亡風險，而且甜味劑飲料相關的死亡風險還要更高。

這些最新的研究給三氯蔗糖等甜味劑蒙上了一層陰影，許多消費者無所適從。如果要追求「絕對避免潛在風險」，那麼需要避免任何甜味的食品。

但是，甜是人類生來就喜歡的味道，甜味促進釋放多巴胺，讓人們感到愉悅與滿足。

如果需要甜味，那麼在糖和甜味劑之間，甜味劑還是更好的選擇。2019年，科信食品與營養資訊交流中心、中華預防醫學會健康傳播分會、中華預防醫學會食品衛生分會和食品與營養科學傳播聯盟聯合發佈了一份《關於食品甜味劑相關知識解讀》，總結指出了以下三點：

· 甜味劑在美國、歐盟及中國等百多個國家和地區被廣泛用於麵包、糕點、餅乾、飲料、調味品等眾多日常食品中，有的品種使用歷史已長達百多年。

‧甜味劑的安全性已得到國際食品安全機構的肯定，國際食品法典委員會、歐盟食品安全局、美國食品藥品監督管理局、澳洲新西蘭食品標準局、加拿大衛生部等機構對所批准使用的甜味劑的科學評估結論均是：按照相關法規標準使用甜味劑，不會對人體健康造成損害。

‧過量攝入糖會引發超重、肥胖等健康問題，因此相關政府部門和專業機構倡導「減糖」；甜味劑為有減糖需求的群體提供了「減糖不減甜」的多樣化選擇；超重和肥胖與遺傳、飲食、身體活動和心理因素等綜合因素有關，如有控制體重的需求，應當通過控制總能量的攝入和適量鍛煉，才能有效達到預期目的。

為甚麼超標的總是甜蜜素？

　　幾乎每一次公佈的不合格食品名單中，總有某些食品因為所含的甜蜜素等食品添加劑超標而上榜。甜蜜素是甜味劑的一種，為甚麼總是它超標，而不是其他的甜味劑超標呢？

　　我們先來説説甜蜜素的歷史。

　　甜蜜素發明於 1937 年，不過一直到 1951 年才被批准用於食品中。它是人類歷史上使用的第二種人工甜味劑——第一種是糖精，當時已經使用多年。糖精的甜度可達蔗糖的 300 倍以上，但它的甜味跟蔗糖差別比較大，吃完之後口中還會有一些發苦。而甜蜜素還不如糖精——回口也有苦味，但甜味只有蔗糖的 30~50 倍。不過有意思的是，如果把 10 份甜蜜素跟 1 份糖精混合，那麼它們各自的那種回口的苦味就消失了。這一特性讓甜蜜素有了很大的價值，再加上它價格低廉，還能耐高溫，給「無糖食品」的開發帶來了很多方便。

　　1958 年，FDA 給了甜蜜素 GRAS 的認證，為它的廣泛應用打開了方便之門。

　　1966 年，有研究發現甜蜜素在腸道內可以被細菌轉化成環己胺。高劑量的環己胺具有慢性毒性，這就意味着：甜蜜素有可能危害人體健康。1969 年發表的另一項研究似乎證實了這種可能。在那項研究中，用按 10：1 的比例混合甜蜜素和糖精餵養的 240 隻老鼠中，有 8 隻得了膀胱癌。「可以致癌」的實驗結果一出來，公眾嘩然，FDA 隨即禁止了甜蜜素的使用。

　　擁有甜蜜素專利的公司是雅培，他們宣稱自己做了實驗，無法重複 1969 年那項致癌研究的結果，於是申請 FDA 解除對甜蜜素的禁令。FDA 拖拖拉拉地進行審查，直到 20 世紀 80 年代才發佈評估結果，表明「目前證據不支持甜蜜素對老鼠的致癌性」，但仍沒有解除對甜蜜素的禁令。再往後，雅培也對解禁甜蜜素失去了興趣，FDA 也不了了之了。

進化：那些食品添加劑的前世今生

其實，那項老鼠實驗中用的是糖精和甜蜜素的混合物，致癌的結果並不見得是甜蜜素導致的。後來的研究還發現，老鼠的尿液組成跟人不同，大劑量的糖精會增加老鼠的膀胱癌風險，而那個致癌的機理在人體中並不存在，所以不能根據實驗來推測糖精和甜蜜素對人體致癌。

因為使用的歷史悠久，許多食品廠家已經習慣了甜蜜素在配方中的存在，並不願意輕易去改變它。它之所以容易超標，是由自身甜度和使用限量導致的。根據動物實驗的結果，國際食品添加劑專家委員會制定的安全標準是每天每公斤體重不超過 11 毫克。對於一個 60 公斤的成年人，就是 660 毫克。因為其甜度不夠高，660 毫克甜蜜素產生的甜度跟 20~30 克蔗糖相當。根據這個量，國家標準規定飲料、罐頭、果凍等食用量比較大的食品中，甜蜜素的用量不能超過 0.65 克 / 公斤，而話梅、杏脯、山楂片、果脯、蜜餞等食用量較小的食品中，用量限制是 8 克 / 公斤。前者的甜度只相當於 3% 的蔗糖，而通常飲料的甜度需要 10% 左右的蔗糖。後者雖然相當於 25%~40% 的蔗糖，但它們需要的甜度太高，這個用量也不見得夠。所以，生產者如果沒有合理的配方，只用甜蜜素來增加甜度，就很容易出現「甜蜜素超標」。

而糖精、阿斯巴甜和三氯蔗糖等甜味劑就不同。如果把它們用到安全限量，產生的甜度相當於 100 克以上的蔗糖。也就是說，不需要超標，也完全可以獲得想要的效果。

關於甜蜜素還有一個著名的傳說，說是有「不法商販」往西瓜中注射甜蜜素和色素來增甜增紅。其實，這並不現實。西瓜不像活著的動物那樣有血液循環系統，注射進去的溶劑很快會均勻擴散到全身。注射進西瓜的液體，只能集中在一點，然後向周圍擴散滲透。這個過程很緩慢，距離愈遠，擴散所需要的時間就愈長。要擴散到整個西瓜，需要很長的時間。而被扎過針的西瓜很容易腐爛，還沒等到注射液擴散開來，西瓜早就爛了。

從味精到雞精

　　人能夠感受到的基本味道之中，有一種被稱作「鮮」。亞洲人很早就用各種濃湯，比如雞湯、骨頭湯、海帶湯等作為調味品，來增加食物的鮮味。1866 年，一位德國化學家發現了谷氨酸。1907 年，有個日本人蒸發大量海帶湯之後得到了谷氨酸鈉，發現它嘗起來像許多食物中的鮮味。谷氨酸鈉就是現在的味精的主要成分。

　　最初的味精是由蛋白質水解然後純化得到的，現代工業生產的味精則是採用某種擅長分泌谷氨酸的細菌發酵而得到的。發酵的原料可以用澱粉、甜菜、甘蔗乃至廢糖蜜，使得生產成本大為降低。生產味精的過程中不使用化學原料，所以可以說味精是天然產物，類似於用糧食釀酒。但是，由於發酵與純化是工業過程，所以許多人還是會把它當成合成產品。

　　谷氨酸是組成蛋白質的 20 種氨基酸之一，廣泛存在於生物體中。但是，被束縛在蛋白質中的谷氨酸不會對味道產生影響，只有遊離的谷氨酸才會與別的離子結合成為谷氨酸鹽，從而產生鮮味。在含有水解蛋白的食物中天然存在谷氨酸鈉，比如醬油是水解蛋白質得到的，其中的谷氨酸鈉含量在 1% 左右，而乳酪中的谷氨酸鈉的含量則更高一些。有些水解的蛋白質，比如水解蛋白粉，或者酵母提取物，其中的谷氨酸鈉含量甚至高達 5%。還有一些蔬果也天然含有谷氨酸鈉，如葡萄汁、番茄醬、豌豆等都有百分之零點幾的谷氨酸鈉。這樣的濃度，比起產生鮮味所需的最低濃度要高得多。

　　總的來說，味精是一種氨基酸的鈉鹽，本質上是一種提供鮮味的天然產物。當今市場上的味精是高度純化的發酵產物，中國的國家標準要求高純度味精中谷氨酸鈉的含量 H99%。

　　對於味精是否安全的問題，經歷了漫長的爭論。

　　1959 年，FDA 基於味精已經長期被人類使用而給予了 GRAS 認證。

　　1968 年，《新英格蘭醫學雜誌》上發表了一篇文章，描述了某個人吃

中餐時的奇怪經歷：吃中餐後 15~20 分鐘，後頸開始麻木，並逐漸擴散到雙臂和後背，持續了兩個小時左右。這篇文章引發了全球範圍內對味精的恐慌，這個人的症狀也被稱為「中餐館併發症」。後來的科學研究並沒有證實「中餐館併發症」的存在，這個故事也就像民間傳說一樣流傳。但人們傾向於相信一種東西的危害，因此關於味精安全性的爭議一直沒有停息。

20 世紀 70 年代，FDA 重新審查食品添加劑的安全性：在通常的用量範圍內，味精沒有安全性問題，但是建議評估大量食用對人體的影響。1986年 FDA 的一個委員會評估食品對過敏症的影響，結論是味精對普通公眾沒有威脅，但是對少數人可能會引發短暫症狀。1992 年美國醫學協會認為「任何形式的谷氨酸鹽」對健康都沒有顯著影響。1995 年 FDA 的一份報告認為「有未知比例的人群可能對味精發生反應」，並且列出了一些可能的症狀，如後背麻木、頭疼、噁心、嘔吐等。

1987 年，聯合國糧食及農業組織和世界衛生組織把味精歸入「最安全」的類別。

1991 年，歐盟委員會食品科學委員會將味精的每日可攝入量劃定為「無定量」（歐盟體系的最安全類別）。

關於味精的副作用，學術界爭論較多的是興奮毒性的問題。關於興奮毒性的實驗都是基於動物的，而由於動物與人類的差別以及劑量問題，學術界對此還沒有形成明確的結論。

關於味精對肥胖的影響。有研究發現，味精能夠刺激老鼠的食慾，從而影響老鼠食量而導致其肥胖。不過有一項針對近 5,000 人的調查證明，肥胖與味精沒有任何關係。

總的來說，食品監管機構認為，至少在調味料的使用量上，味精對於人體沒有危害。許多報告和個案列舉了味精的種種危害，但這些危害都缺乏可靠的科學依據，因而未被監管機構認同和接受。

2017 年 7 月 12 日歐洲食品安全局（EFSA）發佈了一份專家評估報告。該報告評估了谷氨酸以及各種谷氨酸鹽（包括谷氨酸鈉、谷氨酸鉀、谷氨酸

鈣、谷氨酸鎂）對健康的影響。在報告中，專家委員會確認了之前所採用的谷氨酸以及谷氨酸鹽的安全性數據，不過增加了一項谷氨酸鈉對大鼠神經發育影響的研究。這項研究表明，在不影響大鼠神經發育的情形下，谷氨酸鈉可使用的最大劑量是每公斤體重 3.2 克。歐洲食品安全局專家依據設定人類安全使用標準的常規，得出人對谷氨酸及其鹽的安全攝入量是每天每公斤體重 30 毫克。對於一個 60 公斤的成年人，相當於每天攝入的谷氨酸及其鹽不超過 1.8 克。

實際上，歐盟這個評估結論有一個無法自圓其說的漏洞：味精只是人們攝入谷氨酸及其鹽的一種途徑，甚至不是主要途徑。成年人每天要吃幾十克蛋白質，而主要的食物蛋白中谷氨酸的含量都很高。經過消化吸收，這些蛋白質會釋放出大量的谷氨酸，一般每天都會在 10 克以上。而味精只是調料，大多數人通過它攝入的谷氨酸每天都不超過 1 克。目前並沒有證據顯示，不同來源的谷氨酸進入血液之後對身體有不同的影響。

相較於味精，「雞精」這個名字起得非常成功，再配以包裝上畫的大母雞，雞精給人的感覺是「雞的精華」。因此，雞精的銷售也大有取代味精之勢。

實際上，雞精的主要成分還是味精，只是味精是單一的谷氨酸鈉，而雞精是一種複合調味料，其中的谷氨酸鈉含量在 40% 左右。雞精中除了味精之外，還有澱粉（用來形成顆粒狀）、增味核苷酸（增加味精的味道）、糖和其他香料。嚴格說來，雞精中還應該含有一些雞粉、雞油等。但是，由於雞粉、雞油等比較貴，為了降低成本，有些生產廠家可能完全不用這些。

不用這些與雞肉相關的成分，那麼雞精中的「雞味」如何而來？實際上有些雞精中的「雞味」來自雞味香精。雞味香精跟雞也沒有關係。雞味香精不是由原料簡單混合而成的，而是用氨基酸和還原糖在加熱條件下得到的。這個過程叫「美拉德反應」，跟煮肉烤肉產生香味的過程比較類似。

味精的成分單一，在食物中的作用主要是提鮮。雞精的成分複雜，一般而言，香味更濃郁一些。雞精廠家鼓吹味精的危害來促銷雞精，基本上是欺人之談。因為雞精的主要成分是味精，如果味精有害，那麼雞精就能消除這種危害了？

人們看到雞精、雞粉的時候，可能會以為雞精是純度更高的「雞粉」。其實它們是兩種不同的東西。雞粉主要是雞肉經過工業加工而來的，其中的谷氨酸鈉含量較低，雞肉的成分較多。這也是雞粉的生產成本要高一些的原因所在。

雪糕的進化史

　　在談及雪糕起源的時候，無法繞過的問題就是：甚麼是雪糕？如果「有味道的、像冰或者雪一樣的食物」就算雪糕的話，那麼它最早可以追溯到西元前。據說亞歷山大大帝在遠征埃及的時候，就從山上採集冰雪，並添加蜂蜜或者花蜜以供士兵食用。當然，如果把這樣的東西叫「雪糕」，那麼雪糕愛好者們可能不會同意。這玩意，頂多只能算是冰糕或者冰沙吧！

　　今天的雪糕作為一種冷凍甜點，裏面至少需要一些奶的成分。雪糕的英文是 "ice cream"，字面意思就是冰凍忌廉。

中國唐朝的「冰酪」

　　如果把含有奶作為雪糕的基本要素，那麼雪糕的出現就要晚得多。跟其他事物的發展史一樣，歷史學家們對於雪糕的起源也有多種說法。其中，在國際上比較公認的，是中國唐朝出現的「冰酪」。

　　冰酪是在牛奶或者羊奶中加入麵粉增稠，加入香樟提取物調味，然後放進金屬管，置於冰池中冷凍而成的。在大唐盛世，上層社會盛行保存冰來消暑，到唐朝末期，人們為了製造火藥而大量開採硝石，偶然發現硝石溶於水會產生降溫現象，於是有了「人工製冰」的技術。

　　在製作配方和工藝上，冰酪已經具備了雪糕的雛形。當然，這還遠遠不是現代意義上的雪糕。

歐洲的「果汁冰糕」與雪糕

　　在中世紀，阿拉伯人就在食用一種叫「果子露」（sherbet）的冰甜點。這種甜點中沒有奶，只是添加了車厘子、石榴或者木瓜等果味。到了 17 世紀，人們往果子露中加入糖，創造了「果汁冰糕」（sorbet）——離真正的雪糕更近了一步。當時，一位為西班牙總督服務的廚師——安東尼奧・普拉蒂尼，為後世留下了果汁冰糕的配方。他也嘗試往果汁冰糕中加入奶，因而

進化：那些食品添加劑的前世今生

這被一些烹飪史學家當作歐洲最早的、正式的關於雪糕的記載。

法國也有關於雪糕起源的説法。在 17 世紀的法國，有一種叫 "fromage" 的甜點。其實 fromage 本意是指乳酪，不清楚當時的法國人為甚麼把這種根本不含有乳酪的甜點叫這個名字，或許只是因為製作這種甜點時用了製作乳酪的模具作為冷凍容器。名叫尼古拉斯 · 奧迪格的廚師記錄了一些 fromage 的配方，有一種配方中含有忌廉、糖和橘子花的水。奧迪格還提到，在冷凍過程中持續攪拌讓空氣進入，能夠產生蓬鬆的口感。這個操作步驟是現代雪糕製作中的關鍵，也是雪糕發展過程中的一大進步。

也有人認為古羅馬人發明了雪糕。不過一般認為，歐洲雪糕的發展基於馬可 · 波羅從中國帶回的冰酪配方。從時間上看，這種説法比較合理，因而接受程度比較高。

現代版雪糕是在美國發展起來的

在美國，關於雪糕的最早記載出現在 1744 年。1777 年的《紐約公報》上出現了雪糕廣告，宣稱每天都有雪糕銷售。有歷史記載顯示，華盛頓總統就是雪糕的超級粉絲，光是 1790 年夏天，他就花了大約 200 美元來購買雪糕。這在當時應該算是相當奢侈的消費了。

進入 19 世紀，雪糕仍是一種高端消費品，畢竟在那個時代冷凍還屬於高科技。1800 年前後，人們發明了隔熱冷庫，大大推進了雪糕的生產。再往後，工業化技術突飛猛進，蒸汽機、均質機、電機、包裝機械、冷凍機械等工業化產品的出現，把雪糕的生產從手工作坊推向了現代工業。雪糕也因此進入了尋常百姓家，完成了從高端奢侈品到生活必需品的轉變。

現代雪糕的生產工藝

現代雪糕的原料裏最重要的是牛奶。按照 FDA 的定義，雪糕至少需要含有 10% 的忌廉脂肪，以及 10% 的非脂肪成分（主要是蛋白質和乳糖）。如果原料不滿足這兩個指標，也可以作為食品銷售，但就不能稱之為雪糕了。脂肪含量是雪糕口感的最核心因素，高檔雪糕中的脂肪含量可能高達 16%。此外，通常雪糕中還有 10% 左右的糖、5% 左右的糖漿，以及少量乳化劑。

廿一世紀吃的真相 — 食物安全真與假

雪糕製作的第一步是把這些原料混在一起，加熱滅菌。然後，把它們進行高壓均質化處理。忌廉中的顆粒很大，高壓均質化的目的是把這些顆粒「打碎」。經過這一步，脂肪顆粒的直徑從幾微米減小到零點幾微米，相應地脂肪和水則增加了 10 倍左右。因為蛋白質喜歡待在脂肪和水中，這樣脂肪和蛋白質的存在狀態都更加均勻，更能產生細膩的質感。

經過均質化的原料實質上是一種很黏的乳液。下一步是將其放在冰箱中降溫幾個小時。在這幾個小時裏，原料中的各種成分進行充分融合。比如，乳化劑比蛋白質更喜歡脂肪和水的介面，它們會去跟蛋白質爭奪脂肪顆粒的表面。總之，在冰箱裏「休息」了幾個小時的原料已經悄悄發生了變化，脂肪顆粒表面悄無聲息地出現了許多乳化劑。

下一步就是製作雪糕了。在原料混合物中加入一些香精，然後將其放入雪糕機。雪糕機的核心部件是一個溫度很低的表面，通常溫度在零下 23℃，原料混合物被慢慢攪拌，並被逐漸降溫，從而變得愈來愈硬。同時，大量的空氣進入，被蛋白質、乳化劑以及形成的脂肪網絡和冰粒固定下來。這樣，雪糕就製成了。商業生產的雪糕還要放在低溫下進一步硬化，然後再進行分銷。

雪糕是垃圾食品嗎？

雪糕深受許多人喜愛，尤其是年輕女性和孩子。在夏天，雪糕幾乎是必備食品。但是，營養專家們經常說雪糕是垃圾食品，使得許多人糾結不已。那麼，吃雪糕會危害健康嗎？

在美國，雖然不同廠家的雪糕配方相差很大，但高糖和高脂肪是不可避免的。對於現代人而言，糖和脂肪都是日常飲食中應該限制攝入的成分，所以，營養專家們說雪糕不健康並沒有言過其實。當然，雪糕也含有不少蛋白質和鈣，如果跟碳酸飲料、涼茶之類熱量絕大多數來自糖的飲料相比，還是要好一些的。

中國對於雪糕沒有強制性的國家標準。僅在推薦標準中，把雪糕分成全乳脂、半乳脂和植脂三大類，每類又分為清型和組合型兩種。不同類型的雪糕對成分的要求不盡相同，但都比美國的標準要寬鬆得多。

進化：那些食品添加劑的前世今生

雪糕裏的添加劑

如果把雪糕看作一種特定形態的雪糕，那麼盛傳於朋友圈的一個關於雪糕的説法是「竟然含有十幾種添加劑」。大多數人對食品添加劑有着本能的抵觸，一看到「××種添加劑」就渾身不舒服，而媒體的報道通常是「長期食用可能危害健康」。

雪糕中的添加劑主要有乳化劑、增稠劑、穩定劑、甜味劑和香精。它們的出現，造就了市場上琳琅滿目的雪糕。添加劑的使用使雪糕從簡單、單調的傳統形式走向了更加豐富、多樣的現代模式，使口感、風味都有了巨大的進步，也降低了產銷成本。

許多人總是擔心廠家會濫用添加劑。實際上，這些食品添加劑往往是安全性很高的，廠家完全沒有「濫用」的必要。同時，這些添加劑的使用都需要優化，並不是用得愈多效果愈好。

至於十幾種添加劑，跟安全和健康更沒有關係。有時候，同類添加劑也會加入幾種，有人以為這是為了「每一種都不超標」的變相濫用。其實，國家標準中明確規定，同類食品添加劑混合使用時，各自與使用限量的比值之和不能超過 1。舉個例子：如果甜味劑 A 最多可以用 2 克，甜味劑 B 最多可以用 2.5 克，那麼當你用了 1.2 克 A 後，就最多就只能用 1 克 B 了，因為前者與其限量的比值是 0.6，後者與其限量比值就不能超過 0.4 了。

生產廠家之所以會使用同類添加劑的不同品種，是因為不同的添加劑有不同的使用特性，合理的搭配使用能有更好的效果。比如，甜味劑往往與蔗糖的甜味不同，在用量較大的時候甜味很「不純正」，而混合使用兩三種甜味劑，就可能接近蔗糖的味道。乳化、穩定、增稠類添加劑，也往往有這樣的搭配效應。

廿一世紀吃的真相 — 食物安全真與假

第三章

摸索：向着安全與健康出發

二甘醇悲劇與
新藥申請流程的誕生

　　美國在 1906 年就開始對藥品進行管理，不過在隨後的幾十年中，管理只限於「摻假與虛假標注」，只要如實說明成分就不算違法。至於藥物是否真的有用、是否安全，完全取決於生產者。1930 年，FDA 正式成立。雖然 FDA 愈來愈認識到這樣的管理遠遠不夠，但是一直沒有獲得更大的權力。

　　1937 年，有一家公司生產了一種抗鏈球菌很有效的磺胺藥物。在其片劑和粉末劑型成功應用之後，市場上又出現了液體劑型的需求。該公司的藥劑師很快找到了方案，把磺胺溶於二甘醇中，獲得了方便而且美味的磺胺酏劑。同年 9 月，這種新藥開始投放市場。10 月 11 日，美國醫學協會（AMA）收到懷疑磺胺導致死亡的報告。美國醫學協會立即進行檢測，檢測結果顯示，作為溶劑的二甘醇有毒。

　　美國醫學協會隨即發佈了警告。10 月 14 日，紐約一位醫生通知 FDA 有 8 名兒童和 1 名成人死亡。FDA 調查發現，9 位死者均服用了這種磺胺酏劑，於是立即發佈公告，追回市場上的同類藥物。該製藥公司也發現了問題並開始採取行動。在 FDA 的要求下，追回這種藥物的行動力大大提高，這一領域的 FDA 工作人員悉數出動，會同製藥公司的人員，詳細檢查銷售記錄，追尋購買者，查找每一瓶藥的下落。

　　這一工作進行得極為細緻。比如追查到的一位女士說，她已經把購買的那瓶「破壞」了，調查人員便繼續追問「破壞」的方式——是倒進了下水道還是埋到了土裏？她說扔到了窗外的路上。調查人員就去路上找回那瓶藥，發現仍未開封，而該藥的覆盆子口味完全可能吸引兒童誤食；一名 3 歲幼童食用該藥後搬家去了另一個地方，醫生推遲了婚禮去追尋結果；一家藥店宣稱購進的 1 加侖[①]磺胺酏劑只賣出了 6 盎司[②]，而服用者無恙，但調查員發現追回的容器中少了 12 盎司，於是接着追查下去。調查員最後發現另外 6 盎司被賣給了另兩位顧客，並且導致他們死亡。

這樣的故事還有很多。在這種努力之下，該公司生產的 240 加侖磺胺酏劑，追回的量超過了 234 加侖。但就是剩下的這不到 6 加侖的藥物，造成了 107 人死亡，其中多數是兒童。

　　實際上，發現二甘醇的毒性並不難，簡單的動物實驗即可發現，甚至查閱當時的科學文獻也能找到二甘醇損害腎臟的報道。但是按當時的法律，對於該公司的指控只能是——使用「酏劑」這一名稱意味着含有酒精，而實際上二甘醇並不是酒精。而對於缺乏安全檢測造成的死亡，生產廠家並不用承擔法律責任。

　　這一事件對社會的影響是巨大的，發明磺胺酏劑的藥劑師最終選擇了自殺。這一事件給人們的啟示是，要想保證安全，還是要從制度上着手。1938 年，羅斯福總統簽署了《食品、藥品與化妝品法案》。

　　《食品、藥品與化妝品法案》賦予了 FDA 更大的監管權力，最重要的是，它開啟了影響深遠的新藥申請流程（簡稱 NDA）。按照這一流程，任何新藥必須經過 FDA 批准才能上市。為了獲得批准，生產者必須向 FDA 提供充分的資訊，以使審查員做出判斷：這種藥物是不是安全、有效？用藥的收益是否大過風險？廠家標注的內容是不是恰當？廠家的生產流程和質量控制方案是否能夠充分保證藥品的質量？

---

① 1 加侖 =3.8 升。——編者注
② 盎司。既是重量單位元，又是容量單位元。此處為重量單位，1 盎司 =28 克。——編者注

摸索：向着安全與健康出發

「海豹兒悲劇」與新藥申請流程的變革

在二甘醇悲劇催生的新藥申請流程中，廠家必須向 FDA 證明藥物的安全性。如果 FDA 在確定的時間範圍內未提出質疑，那麼該藥物便獲得安全性證明。而對於藥物的有效性，則沒有強制性的要求。

二戰之後，美國出現了大量特效新藥，比如胰島素和各種抗生素。各種「神效」也不絕於耳。參議員基福弗對此感到不滿，他在 1960 年提出了一項議案，主要內容包括控制藥價，強制製藥公司在新藥上市 3 年後與競爭者分享專利（會收取一部分專利費），以及要求證明藥物的「有效和安全」等。

雖然這個議案得到了甘迺迪總統的讚揚，但還是沒有得到廣泛的響應。

然而，很快意外就出現了。1960 年，FDA 收到了德國一家生產「反應停」藥品的公司在美國上市的申請。這種藥物是這家公司於 1957 年推出的，能有效緩解早孕反應，曾在 40 多個國家得到了批准。

當時 FDA 負責藥物審查的法蘭西斯 • 凱爾西對「反應停」是否會危害神經系統心存疑慮，因此遲遲沒有批准。到 1961 年，世界各地出現了成千上萬的「海豹兒」，而罪魁禍首正是「反應停」。原來，它會影響胎兒的正常發育。

其實凱爾西的質疑與此並無關聯。如果不是這起悲劇，那麼她可能因為大量的準媽媽眼看有效的藥物卻不能用而被批評「官僚作風」。然而，她的拖延歪打正着，使美國避免了「反應停」悲劇。於是，凱爾西和 FDA 都成了英雄。

正如二甘醇悲劇促進了新藥申請流程的通過一樣，「海豹兒悲劇」讓FDA 獲得了空前的威望。基福弗的議案在刪除了控制藥價和分享專利的部分之後，要求藥物安全而且有效的《科夫沃 - 哈里斯修正案》很快獲得了通過。

根據這個修正案，製藥公司必須向 FDA 提供足夠的證據來證明藥物的安全性和有效性，被批准之後才能上市。而有效性的證據必須是充分而且設計良好的研究。另外，製藥過程也要受到監管，藥物包裝上必須注明副作用。

　　實際上，該修正案的通過是一段陰錯陽差的歷史。「反應停」的悲劇來源於藥物的安全性不充分，而安全性已經是當時新藥申請流程的要求。這個修正案的主要訴求是有效性，而「反應停」的有效性卻是顯而易見的。

　　無論如何，這個修正案對美國的影響是深遠的。在新法案之下，證明藥物有效性與安全性的責任在製藥公司。FDA 不再像以前那樣只要在一定時期內拿不出反對意見就被動地給予通過。

　　後來 FDA 還實行了「四期臨床」制度，即在新藥上市之後繼續跟蹤其安全性，如果副作用帶來的風險超過了療效帶來的好處，還是會被退市。這樣，經過 FDA 批准的新藥，不安全的可能性大大降低了。被充分而且設計良好的研究證明的有效性，也遠比之前的個案或者醫生、病人的主觀感覺要可靠。「吃不死人」而騙錢的藥物，不再容易獲得生存的空間。

　　與此同時，這個法案也使得新藥的開發週期被大大延長，新藥的開發成本明顯增加。一種新藥的開發上市，經常需要 10 年甚至更長時間。上市藥物的可靠性增加了，但是病人和醫生的選擇卻減少了。此外，許多「可能救人」的新藥也遲遲無法得以應用。

　　在風險與收益之間，《科夫沃－哈里斯修正案》只是做了一個選擇。至於這個選擇是不是最好，各界人士對此依然爭論不休。

孤兒藥誰來造？

　　30 多年前，美國有個叫亞當的小男孩，得了一種叫「妥瑞症」的病。這種病也叫「抽動穢語綜合症」，患病的概率很小。當時，加拿大有一種治療該病的有效藥物，但是美國沒有批准這種藥上市，也沒有其他有效的藥物，於是亞當的醫生就偷偷地從加拿大將藥帶到美國。幾次之後，他在過海關時被發現，藥物也被沒收了。

　　亞當的母親在絕望之餘給眾議員亨利‧韋克斯曼打電話求助。從此，韋克斯曼開始關注這些患者人數很少的疾病（或稱「罕見病」、「孤兒病」）。孤兒病有很多種，但是每一種病的患者人數都很少。按照美國後來的定義，孤兒病就是每年患病人數少於 20 萬人的疾病。

　　在 FDA 實施嚴格的新藥申請制度之後，開發一種藥物所需要的時間和投資都極為龐大。即使開發出了對孤兒病有效的藥物，銷量也很小，製藥公司很難有利可圖。但這些藥的開發成本與週期卻跟那些銷量大的藥物一樣，因此製藥公司自然也就對這些藥物沒有興趣。這對於商人來說無可厚非，但對於患者，如果得了孤兒病，就只能自認倒霉了。

　　後來，韋克斯曼組織了一個非正式的聽證會，亞當現身說法，做了非常感人的演說。但孤兒病還是沒有引起廣泛關注。幸運的是，《洛杉磯時報》對此做了報道，而演員傑克‧克盧格曼正好看到了。克盧格曼當時在製作電視劇《驗屍官昆西》，於是在兩集中突出了孤兒病的內容。電視劇的影響力果然巨大，孤兒病終於引起了公眾的注意。許多觀眾給克盧格曼寫信，詢問能為孤兒病做點甚麼。

　　1981 年，韋克斯曼起草了《孤兒藥法案》，試圖用經濟利益來說服醫藥行業開發孤兒藥。在隨後的聽證會中，克盧格曼和許多孤兒病病人以及醫藥行業代表出席。隨着媒體大量報道，孤兒病以及這個法案得到了前所未有的關注。

　　1982 年，眾議院通過了韋克斯曼的法案。然而，韋克斯曼的法案並沒

有在參議院獲得相應的支持。聽説這個消息之後,克盧格曼在新一集的《驗屍官昆西》中,邀請了 500 名孤兒病病人助陣。在這集播出後不久,該法案終於獲得了參議院的通過。

根據韋克斯曼的調查,醫藥行業不願意投資孤兒藥的原因是投資大而收益小,但為了減少開發成本而降低「安全和有效」的審查要求,顯然也不是好的解決辦法。為此,《孤兒藥法案》通過 3 個措施來刺激醫藥行業的積極性:在開發孤兒藥時可以從政府那裏得到資助;孤兒藥開發費用的 50% 可以用於抵税;一種孤兒藥被批准之後的 7 年之內,FDA 不會再批准類似用途的藥物。普通藥物的專利保護只是不批准相同化學成分的藥物,但是會批准相同用途而化學成分不同的藥物。對孤兒藥的這個保護條款相當於 7 年的「市場獨佔權」,因此對製藥公司產生了很大的吸引力。

不過其中的抵税優惠會使政府收入減少,管理部門並不願意接受。據説列根總統當時打算否決這個法案。社會活動家們聽聞後紛紛行動,在主要媒體上刊登整版廣告,呼籲列根總統批准法案。1983 年,《孤兒藥法案》終於頒布。

這個法案後來還經過一些修正,比較重要的是 1985 年的修正。原法案規定 7 年市場保護只授予沒有獲得專利的孤兒藥。後來發現,許多孤兒藥會獲得專利,但是在上市不久後專利就過期了。1985 年的修正法案規定:即使專利過期,7 年的市場獨佔權依然有效。

一般認為,這是一個成功的法案。在該法案之前,美國市場上治療孤兒病的藥物不過幾十種,而完全由製藥公司投資開發的只有 10 種左右。在該法案通過的 20 餘年內,美國登記的孤兒藥有一、二千種,獲得批准的就有兩三百種。不過也有分析人士認為,這些數字存在統計標準上的誤差,法案的作用其實被誇大了。

然而,這個法案還存在着一些被濫用的可能。有的藥物對不止一種孤兒

摸索:向着安全與健康出發

病有效，實際銷量也不小，但是同樣可以獲得孤兒藥資格。比如，一種藥獲得了治療卵巢癌的孤兒藥資格，也可能因為對其他癌症有效而獲得其他癌症的孤兒藥資格。也有的藥雖然銷量不大，但是因為獨佔市場，其價格會被定得很高，製藥公司的收益遠遠高於研發投資成本。比如生長激素，每個病人購買生長激素的年花銷在 1 萬～3 萬美元，那麼生長激素的年銷售額就接近 2 億美元，而實際研發費用只有兩三千萬美元。還有一些病在發病初期顯示的是孤兒病症狀，後來患病人數愈來愈多，其實不再符合「孤兒病標準」，最典型的就是愛滋病。

《孤兒藥法案》以及此後的一些修正案，使得製藥公司從中獲得的好處愈來愈多。於是韋克斯曼於 1990 年又提出了一個修正案，主要包括兩項措施。一項是分享獨佔權，就是如果一個公司能證明與其他公司同時開發了某種孤兒藥，那麼它將會和獲得批准的那個公司分享市場獨佔權。這樣一來，就會有不止一家公司生產某種孤兒藥，彼此之間會通過競爭來降低藥價。另一項是，在一種孤兒藥上市 3 年之後，FDA 會重新評估該病是否滿足孤兒病的條件，如果患者人數已經超過 20 萬，則取消孤兒藥資格，各種優惠措施也隨之取消。

這兩項措施都有很強的針對性，在參眾兩院也獲得了一致通過。不過，它會顯著地影響到醫藥行業的利益。當政的布希總統認為這個修正案會影響製藥公司開發孤兒藥的積極性，因而否決了這項提案。韋克斯曼後來還提出過一些修正提案，但是一直沒有機會在國會上得以表決通過。

公共決策的制定，是消費者、行業和政府互相妥協平衡的結果。解決了一個問題，又會出現其他問題，相關法規的制定與修訂，就是在不斷出現的問題中平衡各方利益的過程。實際上，如果只顧及任何一方的利益，那麼整個行業將會失去平衡，最後各方都會受損。《孤兒藥法案》並沒有完美地解決孤兒病患者的問題——製藥公司從中獲得了很多不合理的利益，病人也要承擔不合理的高價。不過，相比於此法案生效之前孤兒病無藥可用的局面，它的積極作用還是顯著的。

新食品成分進入市場，誰來審核？

1958 年，美國出台了《食品添加劑修正案》。這個法案規定，任何食品添加劑都需要先經過 FDA 的安全認證才可以使用。接着，又列出了幾百種「例外」的物質，這些物質在功能上屬食品添加劑，但是因為安全性高而不受這個法案的約束。這個名單所列的「例外」物質，要麼經過了充分的具有科學背景的專家所做的安全審查，要麼經過長期使用被認為沒有安全問題。這些物質被給予 GRAS 認證。

而那些不在此名單上的物質，生產者往往給 FDA 發信要求其進行説明。FDA 只通過回信進行非正式的表態，而這種表態很有「人治」的特徵，通常只針對發信者。1970 年，這種方式被廢除。

20 世紀 60 年代，有科學論文質疑甜蜜素可能致癌，於是 FDA 把甜蜜素移出了 GRAS 名單。雖然若干年後，大量的科學研究證實當年的這個結論並不靠譜，但在當時這個事件引起了人們的反思：這些物質獲得 GRAS 認證的證據，真的充分嗎？

1969 年，尼克遜總統下令對 GRAS 名單上的物質進行充分的安全審查。FDA 委託「生命科學研究辦公室」（LSRO）組織獨立專家開展這項工作。這些專家都是相關研究領域的傑出人士，而且與工業界及政府都沒有利益關係。他們收集整理對每種物質的各種研究，並進行匯總分析。經過這一審查過程，如果依然滿足 GRAS 要求，再由 FDA 進行確認。

顯然，能夠通過這個流程的物質，安全性是非常高的。但是這樣的工作流程實在是勞民傷財。當時電腦還沒有普及，也沒有網絡數據庫可以使用，收集整理文獻是一項浩大的工程。到 1982 年，只有 400 多種物質經過了審查。

摸索：向着安全與健康出發

在此期間以及之後的十幾年，無論哪一種新的食品成分進入市場，都要經過這一流程。從提出到批准，審查週期最短也要一年以上，大多數的申請需要五、六年甚至更長的時間。對於開發新產品的食品公司來說，這樣長的時間不是「等得花兒也謝了」，而是「望眼欲穿」。審查週期長，研發成本增加，必然打擊企業的研發熱情。而安全審核的重擔落在 FDA 的身上，FDA 也苦不堪言。

1997 年，FDA 提出了 GRAS 備案制度。在這個制度下，一種新食品成分的 GRAS 審查不再由 FDA 來進行，而是由申請者負責。當食品生產者要把一種新的食品成分用於食品中時，並不需要經過 FDA 審查其安全性，而是由申請者自己組織專家，根據已有的科學文獻和生產者的實驗結果，評估所採用的生產流程、使用方式以及使用量的安全性。如果評估結果符合 GRAS 要求，那麼申請者便可向 FDA 備案。FDA 不進行研究，只對申請材料是否可靠進行評估，如果沒有不同意見，就認可申請者的結論；如果認為材料不足以支撐 GRAS 認證，就以「證據不足」作為答覆。此外，還有一種情況，即申請者自己認為材料不充分而撤回申請。

備案制度把審查評估的負擔轉嫁到了申請者身上，從而大大減輕了 FDA 的負擔。雖然《食品添加劑修正案》中依然有 FDA 審查認證的流程，但是在 1997 年之後就沒有真正執行過。之後的 GRAS 認證，都採取了「企業自我認可，FDA 備案」的方式。在這一流程下，新食品 GRAS 資格從申請到 FDA 批復的時間大大縮短，平均不到 6 個月。

牛奶激素的標注之爭

早在 20 世紀 30 年代，人們就發現，給奶牛注射生長激素能夠提高牛奶產量。但這一發現一直沒有得到實際的應用，因為牛生長激素只能從死牛身上得到，在經濟上並沒有甚麼吸引力。

幾十年後，隨着生物技術的發展，通過基因重組技術利用細菌來合成蛋白質成了常規手段，孟山都公司很快成功得到了重組牛生長激素（簡稱 rBST 或 rBGH）。雖然是重組的非天然蛋白，但是跟天然的牛生長激素並沒有甚麼不同。

於是，使用激素來增加牛奶產量就變得非常容易。對於這樣的新技術，安全問題自然是關鍵。1993 年，FDA 審查了孟山都公司以及其他機構所做的安全性試驗，認為使用了生長激素得到的牛奶跟常規牛奶是一樣的。唯一的區別是，在使用了生長激素的牛奶中，類胰島素生長因數 I（IGF-1）的含量要高一些。不過，牛奶中本來就含有 IGF-1，而且不同牛奶中的含量本就有高有低。在使用了生長激素的牛奶中，IGF-1 的平均含量要稍微高一些，不過這個「稍微」的幅度在 IGF-1 的正常波動範圍之內。更重要的是，這個含量的 IGF-1 對於人體健康沒有任何影響。

所以，FDA 的結論是：激素牛奶與常規牛奶沒有區別，可以安全食用。按照「實質等同」原則，既然沒有區別，那麼就不需要標注出來。1994 年，重組牛生長激素正式應用於牛奶生產中。

正如其他任何非天然的食品技術一樣，人們對於激素牛奶的安全性依然充滿疑慮。後來，除了 FDA，加拿大及歐盟的食品管理機構以及世界衛生組織也都認可了激素牛奶沒有安全問題的結論。不過，注射重組牛生長激素對奶牛的健康有一定影響，出於動物保護方面的考慮，加拿大和歐盟都沒有批准重組牛生長激素的使用。

使用生長激素可以增加牛奶產量，這對於奶農們當然有吸引力。因此，不用激素的牛奶就必須賣出更高的價格，才能在市場上有競爭力。一家名為

摸索：向着安全與健康出發

奧克赫斯特乳業的公司就打出了「我們的農民承諾：不含人工生長激素」的宣傳語。從技術角度來說，這樣的宣傳並沒有欺騙消費者，消費者願意為此付出高價也無可厚非。

不過，這樣的宣傳語暗示了含有人工生長激素的牛奶不好的意思。孟山都公司認為這向公眾傳達了錯誤的資訊，損害了自己的商業利益，以此為由將奧克赫斯特乳業告上法庭。從這個宣傳用語的影響來說，孟山都公司的理由也並不完全是強詞奪理。

一開始雙方都很強硬，認為對方無理糾纏。不過，這樣的官司必然是曠日持久的，真正打下來鹿死誰手也很難說。不管是哪一方，都難以承受輸掉的後果。最後，雙方達成和解。奧克赫斯特乳業公司可以繼續這樣宣傳，但必須在旁邊用小字注明「FDA 表示：與使用了人工生長激素的牛奶相比無明顯差異」。

對於雙方來說，這樣的標注同時向消費者提供了兩個方面的資訊：該牛奶是未使用生長激素的奶牛生產的；是否使用生長激素，牛奶都是一樣的。

不過，這樣的標注並沒有解決牛奶激素的爭端，它只是說明了沒有差別這個結論是 FDA 做出的。但是許多人並不認可這一結論，而更相信自己的理念。其他類似的情況，比如有機食品、基因改造食品、克隆食品，也都面臨同樣的問題。標注與不標注，以及如何標注，不僅要尊重事實，還要尊重全面的事實。這對於主管部門而言，並非看起來那麼容易操作。

食品營養標籤，促進技術革新

在 20 世紀 90 年代之前，美國的食品並不要求標注營養標籤。隨着人們對飲食健康的關注，FDA 開始考慮通過食品標籤來實現三個目標：減少「自願標籤」的混亂；幫助公眾選擇健康的飲食；促使食品企業改進配方，開發更健康的食品。

經過徵求公眾意見、公開聽證討論，FDA 在 1990 年 7 月拿出了《營養標籤與教育法案》的初稿，11 月國會通過該方案，後經總統簽署而生效。

標籤的核心是標注哪些資訊。上述法案要求標注「膳食指南中強調並且有推薦量」或者「對公眾健康有重大影響」的營養成分。前者包括蛋白質、脂肪等，後者包括鹽和膽固醇。美國目前強制標注資訊的有 15 項：總熱量、來自脂肪的熱量、脂肪、飽和脂肪酸、反式脂肪、膽固醇、鈉、總碳水化合物、膳食纖維、糖、蛋白質、維他命 A、維他命 C、鈣和鐵。除此以外，生產者還可以自願標注一些其他資訊，比如單不飽和與多不飽和脂肪酸、可溶與不可溶膳食纖維、其他維他命與礦物質等。

根據這個標籤，消費者可以相當準確地瞭解食物在營養組成上的優勢與不足。這對於公眾選擇食物、制定合理食譜，確實能起到「教育」的作用。

這樣的標籤所用的「每日推薦量」是針對全體人群的平均量。4 歲以上的美國人平均每天的熱量攝入是 2,350 千卡，但是不同的人需要的熱量並不相同。許多人呼籲 FDA 應降低熱量標準值，向容易受到高熱量傷害的那部分人傾斜。比如，有人建議把 1,900 千卡作為老年女性的熱量攝入標準。膳食指南推薦來自脂肪的熱量佔總熱量的 30%，如果依據這個基準，那麼每人每天的脂肪攝入量應為 60 克；如果採用平均熱量 2,350 千卡的標準，那麼該攝入量則是 75 克。

鑑於這些爭議，FDA 最後採用了 2,000 千卡的基準。在各種營養成分的推薦量中，脂肪、飽和脂肪酸、膽固醇和鹽有一些是「健康上限」，實際攝入量愈少愈好。有一些成分的推薦攝入量跟總熱量有關，比如脂肪和膳食纖維；而有一些跟總熱量無關，比如膽固醇和鹽。為了「教育」消費者，《營養標籤與教育法案》還鼓勵在標籤後面加上營養圖譜。這個表格分 2,000 千卡和 2,500 千卡，分別列出了「應該低於」的脂肪、飽和脂肪酸、鹽和膽固醇的量，以及推薦的碳水化合物和膳食纖維的量。

　　食品生產者從來都是投公眾所好，當消費者關注食品標籤的時候，生產者也就會根據它來開發產品。反式脂肪的標注就是一個典型的例子。過量的反式脂肪對健康是有害的，但基於食品市場的現實，FDA 並沒有禁用它，而是強制要求標注含量。因為消費者會追求反式脂肪低含量甚至零含量的食品，這樣食品公司就有壓力和動力避免使用反式脂肪。從 2006 年實施這一標注以來，市場上迅速出現了許多技術革新，比如低反式脂肪的氫化油工藝、高油酸的豆油等。

膳食補充劑：
安全有效對自由權利的妥協

1938 年的《食品、藥品與化妝品法案》給予了 FDA 管理膳食補充劑的權力。在 FDA 看來，如果一種食物成分宣稱能夠治療、預防疾病或者改善身體的結構與機能，那麼它就是藥物，不能像食物一樣隨便銷售。20 世紀五、六十年代，FDA 對宣稱具有各種功能的膳食補充劑採取了幾百次行動，卻依然無法減緩它的擴張速度。

1973 年，FDA 宣佈將實施一個新政策：那些沒有營養必要性的補充劑（比如超過正常需求量的維他命）需要像藥物一樣經過批准才能銷售；因為那些補充劑毫無必要，所以將不會被批准。這一政策遭到生產商和消費者的反對，而國會則順應民意，於 1976 年通過了《維他命與礦物質修正案》。根據該法案，FDA 不能「僅僅因為超過了正常需求量就把維他命和礦物質當作藥物來管理」。

1985 年，FDA 又遭遇了一次挫敗。當時有一家公司宣稱「高纖維的食物有可能降低患某些癌症的風險」。FDA 準備起訴它，但聯邦貿易委員會為之辯護，理由是這一宣稱「準確、有用」而且「有科學依據」，因為這一宣稱是美國國家癌症研究所推薦的。FDA 不得不讓步。

1989 年，美國發生了色氨酸補充劑造成至少 38 人死亡的事件。當時的 FDA 局長戴維‧克斯勒以為扭轉乾坤的機會來了，於 1993 年宣佈不會批准膳食補充劑的任何功能，並且把維他命和礦物質之外的補充劑都當作藥物管理。

膳食補充劑行業奮起反擊，以「捍衛人民食用膳食補充劑的權利」為訴求，發起了波瀾壯闊的群眾運動。1994 年年末，國會選舉進行。在競選中，議員們認識到了這個議題的敏感性。之前在國會裏反對膳食補充劑最強烈的議員也做出了妥協的姿態。工業界起草了一個法案，很多人認為其難以獲得國會支持。但令人大跌眼鏡的是，最後文本在臨近國會選舉的時候，闖

摸索：向着安全與健康出發

關成功。

這就是《膳食補充劑健康與教育法案》（DSHEA）。對此法案，至今評說不一，多數人認為 FDA 對膳食補充劑的監管權力被大大削弱。按照這個法案，膳食補充劑的有效性和安全性都由廠家自己負責，不需要經過 FDA 的批准即可上市銷售。FDA 只有在獲得「不安全證據」之後，才能禁止其銷售。FDA 的監管職能幾乎只剩下了打擊不實宣傳，比如宣稱天然產物卻加入了藥物成分，或者宣稱防病治病。廠家不能宣稱療效（比如「治療骨質疏鬆」），但是可以宣稱能影響身體結構與功能（比如「有助於增加骨密度」）。但是這二者之間存在着灰色空間，這個灰色空間也成了後來 FDA 警告企業的主要內容。

在《膳食補充劑健康與教育法案》之後，美國的膳食補充劑行業得到了前所未有的發展。廠家不需要 FDA 認可就可以宣稱產品的功能，只需要申明該功能「未經 FDA 審查」以及該產品「不用於診斷、處理、治療或預防任何疾病」即可。而對於安全性，FDA 根本無力審查。只要不造成顯而易見的危害，FDA 很難發現。

在法律上，中國對保健品實行的制度是 FDA 想實行但最終未能實行的，即保健食品的安全性和功效必須經過政府審批才可上市。所以，要把一種保健品賣到美國，其實比在中國上市更容易。

食品標籤，
食品的健康聲明

不同的食品對健康有不同的影響。人們都希望選擇健康的食品，但這需要太多的專業知識。食品標籤是傳遞健康知識的一個媒介。1990 年，美國開始實施《營養標籤與教育法案》，規定食品標籤上必須標注主要營養成分的含量。此外，食品廠家還可以對特定食品做一些「健康聲明」。

健康聲明是指特定食物或者食物成分對健康的影響。顯而易見，如果一種食品可以宣稱「降低某疾病的發生風險」，那麼它就會得到消費者的青睞。FDA 規定，健康聲明必須具有「明確的科學共識」，經過 FDA 批准才可以使用。1997 年，FDA 又補充規定如果政府的科研機構或者國家科學院授權，那麼健康聲明在 FDA 備案之後也可以使用。

迄今為止，滿足這種要求的健康聲明只有十幾項。比如「低脂飲食有助於降低某些糖尿病的風險」、「低鹽飲食有助於降低高血壓的風險」、「富含纖維的穀物、蔬菜和水果佔比高的低脂飲食，有助於降低一些癌症的風險」、「糖醇不會導致齲齒」等。

許多食品成分的功效有一些科學證據支持，但證據並不充分。一個叫德克 ‧ 皮爾森的膳食補充劑生產商和合夥人提出了 4 項健康聲明，被 FDA 以沒有達到「明確的科學共識」標準為由拒絕。1998 年，他們把 FDA 告上法庭，指控 FDA 的決定侵犯了美國憲法第一修正案的言論自由原則。

地區法院判決 FDA 勝訴，但隨後哥倫比亞特區美國巡迴上訴法院推翻了地區法院的判決。上訴法院認為「憲法第一修正案不准許 FDA 拒絕它認為可能會誤導公眾的健康聲明，除非 FDA 有理由認定通過免責聲明仍無法消除可能存在的誤導」。此外，FDA 認為那些聲明不符合「明確的科學共識」標準，但並沒有澄清甚麼是「明確的科學共識」標準，這一行為違反了行政訴訟法。

1999 年，FDA 發佈了一個行業指南，詳細澄清了如何審查健康聲明的證據，以及「明確的科學共識」的判定標準。簡單說來，健康聲明需要有充分的科學證據，將來可能出現的科學證據也不大可能推翻現有的結論。

更多的情況卻是，有一些科學證據，但不那麼充分，而將來出現的科學證據有可能與目前的聲明相左。比如「皮爾森案」中涉及的一項聲明「奧米加 3 脂肪酸降低冠心病發病的風險」，當時的科學證據就不是太充分，此後的科學研究有可能發現此前的證據不可靠，也有可能出現更多的證據來進一步證實其準確性。批准它作為健康聲明顯然不夠嚴謹，但不批准也不是最符合消費者利益的決定。畢竟奧米加 3 脂肪酸來自魚油，安全性比較高，服用它有利於冠心病高危人群的可能性更大。

上訴法院的意思是，如果能通過免責聲明來避免誤導，那麼就應該允許該聲明存在。FDA 也認識到，把那些科學證據不夠充分的健康聲明如實傳達給公眾更有助於公眾選擇健康食品。FDA 成立了一個工作組，設計了一套工作流程，對收到的健康聲明進行證據審查。如果符合「明確的科學共識」標準，就批准該健康聲明；如果不符合，但確實有一些有效證據，就授予「合格健康聲明」，比如奧米加 3 多不飽和脂肪酸的那一條，就被批准成「支持但非結論性的證據顯示，食用奧米加 3 多不飽和脂肪酸 EPA 和 DHA 可以降低患冠心病的風險」。還有一些證據強度更弱的也獲得了批准，比如「一些科學證據顯示，攝入抗氧化維他命可能降低患某些癌症的風險。然而，FDA 認為證據有限不足以做出結論」。

甚麼是天然食品？

　　雖然「天然代表着健康」的認知很狹隘，但很多人深信不疑。不管是否符合科學事實，消費者的「相信」都具有極高的商業價值，所以「天然」毫不意外地被食品行業作為賣點。而宣稱天然是否表示真的天然，也就引起了許多爭端。

　　2014 年 11 月 26 日，美國夏威夷的一個法庭通過了一場關於天然食品標注的訴訟和解。控訴方指控嘉吉公司的甜味劑產品 Truvia（一種甜菊糖）宣稱「天然」誤導了消費者。最終，控辯雙方達成和解，嘉吉公司支付 610 萬美元，但保留宣稱 Truvia 為「天然甜味劑」、「天然無熱量甜味劑」的權利，只是需要在產品標籤上用星號加注，邀請消費者去公司的網站上閱讀《問與答》，以全面瞭解該產品是如何生產的，以及為甚麼嘉吉公司認為它是天然的，並且在產品説明中去除「（生產過程）類似沖茶」的用語。

　　控訴方指控嘉吉公司宣稱其「天然」是不實資訊，最後的和解方案是嘉吉公司賠錢，但又可以繼續保留這一宣稱。為甚麼會有這種看起來自相矛盾的結果？嘉吉公司的 Truvia 甜味劑，到底是不是天然的呢？

　　控訴方認為，Truvia 中有甜菊提取物和赤蘚糖醇兩種成分。雖然甜菊提取物是從天然植物甜菊的葉子中提取得到的，但是提取和後續的處理過程使得它無法再被當作天然產品。而赤蘚糖醇則是把基因改造粟米中提取出的澱粉通過酶水解，再通過微生物發酵而得到的。這樣得到的赤蘚糖醇，是「合成產品」而非「天然產品」。

　　雖然嘉吉公司付出了 610 萬美元與控訴方和解，但是它並不接受控訴方的指控。嘉吉公司認為，甜菊提取物來自天然原料；赤蘚糖醇由酵母發酵產生，生產過程跟葡萄酒、啤酒和優酪乳一樣是天然的；雖然粟米澱粉可能來源於基因改造作物，但它只是酵母的食物，就像粟米是奶牛的食物一樣；因為使用的酵母跟奶牛一樣是天然的，所以它生產出來的赤蘚糖醇就跟奶牛生產出來的牛奶一樣，也是天然的。

這起訴訟之所以沒有勝方也沒有敗方，是因為雙方對甚麼是天然的問題各執一詞，互不認可。

　　這不是關於天然食品爭端唯一的官司。2013 年，還有三起含有基因改造粟米的食物因宣稱天然而被指控的訴訟。受理三起訴訟的法庭分別要求 FDA 就此做出判斷。2014 年 1 月 6 日，FDA 拒絕了法庭的這一要求。FDA 指出，它沒有對「天然」做出正式的定義，只對食品標籤中使用「天然」的意思做了一個說明：食品中沒有添加通常不存在的人工或者合成的成分（包括各種來源的色素）。

　　FDA 還解釋了為甚麼拒絕對天然做出正式定義。因為這一定義將牽涉社會各界（比如消費者組織、工業界、其他政府機構等），需要社會各界的參與。在 FDA 與美國農業部的溝通中，雙方都認識到，對天然的任何定義都會超出是否含有基因改造成分的範圍。比如說，如果要對它做出正式定義，就需要考慮各種因素：相關的科學、消費者的傾向、消費者從定義中感知到的資訊、基因改造之外的各種食品生產新技術（比如化肥、促生長藥物、繁育技術等）、數不清的食品加工技術（比如納米技術、熱處理技術、滅菌技術、輻射技術等）。也就是說，要對天然做出定義，需要公眾參與。而如此繁複的因素，FDA 也無法保證參與的各方能對現行的做法做出修正，或者根本就無法形成一個定義。再考慮到還有許多更重要的事情要做，所以 FDA 沒精力來處理這個麻煩（而不重要）的事情。FDA 明確拒絕就含有基因改造成分的食品是否可以標注為「天然」做出決定。

　　美國的肉類和禽蛋產品由農業部監管。美國農業部對天然的使用有一個說明：不含有人工成分、不添加色素，只進行過輕微處理。所謂「輕微處理」是指加工處理沒有從根本上改變食物狀態。在使用「天然」標注時，還得同時說明上述「天然」的含義。

　　不管是 FDA 還是美國農業部關於天然的說明，都不是一個明確的法律定義，這也就導致了不同的人、不同的機構都可以按照自己的理解使用天然一詞。而有的人覺得別人的使用誤導了自己，於是向法庭提起訴訟。

　　除了英國、加拿大等少數國家對「天然」有稍微明確一點的界定外，世界上大多數國家和地區都沒有明確定義。中國也在這大多數之中。也就是說，

人人心中都可以有自己對天然食品的理解，商家所說的天然食品未必就是營養師所說的天然食品，也未必就是消費者心中所想的天然食品。

摸索：向着安全與健康出發

美國最嚴厲的
食品犯罪判決

　　2015 年 9 月 21 日，美國歷史上最嚴厲的食品犯罪判決出爐：美國花生公司（PCA）老闆斯圖爾特 • 帕內爾被指控 70 多項罪行，被判 28 年；其弟弟邁克爾 • 帕內爾是該公司的推銷業務員，被判 20 年；該公司質控經理瑪麗 • 威爾克森被判 5 年。

　　這起食品安全事故發生在 2008-2009 年。根據 CDC（美國疾病預防控制中心）的證詞，美國花生公司生產的花生醬導致 714 人感染了沙門氏菌，其中 9 人死亡。事故爆發後，美國花生公司生產的花生醬被大量召回，成為美國歷史上最大的食品召回案。此後，該公司破產。

　　但實際上，這幾個人被重判，並不僅僅是因為造成了眾多的感染和死亡。在法庭上，檢察官傳喚了 45 位證人、出示了 1,000 多份文件證實斯圖爾特知道產品被沙門氏菌污染，但隱瞞了檢測結果，並下令把這些被污染的花生醬銷往下游廠商。此外，還有一批產品沒有進行檢測，但花生公司在偽造了檢測結果後售出。被告的罪行主要是「明知食品污染，依然進行銷售」，所以性質極為惡劣。法官說，如果按照所有的指控計算，斯圖爾特的刑期可能高達 803 年。雖然沒有如許多受害者或者受害者家屬期望的那樣被判處終身監禁，但 28 年的刑期已是美國歷史上此類犯罪中最嚴厲的判決。但是，對於受害者，這一切都無法挽回他們的損失。

　　美國對於食品產銷中的違規和犯罪的處罰，可以用「嚴刑峻法」來形容。但是，這並不足以保護公眾安全。根據美國 CDC 公佈的數據，美國每年有 4,800 萬人因為食物患病，相當於美國人口的 1/6。其中 12.8 萬人嚴重到入院治療，3,000 人死亡。

　　所以，FDA 認為基於事後處罰的嚴刑峻法還遠遠不夠，要從根源上避免食品安全事故出現，需要「更多地致力於食品安全問題的預防，而不是主要依靠事發後做出反應」。2011 年，FDA 推動通過了《食品安全現代化法案》

（FSMA），堪稱 1938 年以來 FDA 最重大的法律修訂案。法案最核心的內容是要求食品生產者制訂書面的預防控制計劃，包括評估可能存在的風險、具體的控制措施與運作機制，以及問題發生時的補救措施等。新法案還對食品設施的檢測頻率、生產記錄的獲取、實驗檢測的認證做了授權和要求。而 FDA 的監管權力也大大增加，比如 FDA 可以依照更為靈活的標準對可疑食品進行扣留，以避免可疑食品被轉移；如果 FDA 懷疑某食品可能造成嚴重後果，就可以臨時吊銷生產資格、阻止該食品的銷售等。

在美國花生公司導致的沙門氏菌感染暴發之後，聯邦檢查人員發現：該公司的廠房居然存在屋頂漏水現象，廠區內有蟑螂、老鼠、霉菌、污垢和鳥糞等。在新法案之下，這樣的廠房會在對食品設施的檢測和生產記錄的檢查中無法過關，而如果被吊銷生產許可，後面的悲劇也就不會發生。

摸索：向着安全與健康出發

基因改造的「稀泥」
是怎樣和的？

2016 年 7 月 14 日，美國眾議院通過了基因改造標注的議案。基因改造食品標注一直是很熱門的話題，美國的主流食品企業以及 FDA 一直反對標注，而有機食品行業以及一些環保組織則一直在推動標注的實施。但在這個議案通過之後，雙方的反應都比較平淡，這是為甚麼呢？

美國的基因改造標注之爭

在美國，基因改造食品最早於 20 世紀 90 年代上市。FDA 是負責食品安全的部門，它的態度是：經過安全評估、審批上市的基因改造食品，在營養和安全方面與相應的非基因改造食品沒有甚麼不同，所以沒有必要進行標注；如果標注，會誤導消費者以為二者不同，這並不合理，但商家可以自願標注；商家也可以自願標注非基因改造，但必須真實，而且不能使用誤導性用語。

FDA 這種實質等同就不需標注的原則並不只針對基因改造食品，對任何新的食品原料都一視同仁。當時，公眾對基因改造食品並沒有特別在意，這一原則於是一直實施下來。作為基因改造食品最大的生產國和消費國，美國大多數的加工食品中或多或少有來自基因改造農作物的原料，比如大豆油、菜籽油、粟米澱粉、高果糖漿、甜菜糖等。大豆除了被用來提取油，也被分離出大豆蛋白和卵磷脂，廣泛地應用到食物中。

這麼相安無事十餘年，美國人民也沒怎麼把基因改造放在心上。後來，一些極端環保組織炒作基因改造食品的安全性不確定的話題，但在美國反響不大。畢竟，FDA、農業部、科研機構在公眾中的形象還是很權威的，而它們也一直明確表態「基因改造食品與相應的常規食品一樣安全」。於是，標注就成了極端環保組織的突破口，它們的訴求是：「人們有權利知道自己吃的是甚麼。」

廿一世紀吃的真相 — 食物安全真與假

立法的較量

知情權是一個「政治正確」的概念，以它為基礎的基因改造標注自然能得到很多輿論支持。美國反基因改造人士曾經在若干個州尋求強制標注的立法，最終都沒有取得成功。2012 年，反基因改造人士放出了一個大招：在加州通過全民公投的方式，來決定要不要強制標注。這就是著名的「加州 37 號提案」。

該提案出來時，支持的民意佔了絕對優勢。反對提案方則加大投入，向公眾宣傳該提案的危害：一是現行法規已經能保障知情權，二是法律實施所需的費用最終還是由納稅人來承擔，三是該法案將導致每個家庭每年增加大約 400 美元的食品開銷。

反對提案方的宣傳很快扭轉了民意，尤其是第三條（其中的數據來自一家諮詢公司）。最後，這個提案被全民投票否決。

2013 年 5 月 23 日，美國參議院也以 71 票對 27 票否決了要求基因改造食品強制標注的提案。

但是，反基因改造陣營並沒有就此罷手，他們繼續在其他州推動立法。2014 年，他們終於在佛蒙特州獲得成功。該州決定：從 2016 年 7 月 1 日起，含有基因改造成分的州內食品必須明確標注。

基因改造標注會影響甚麼？

基因改造食品是否強制標注，對食品產銷鏈的影響遠遠大於對消費者的影響。如果食品中含有基因改造成分就需要標注，那麼生產商有以下兩種選擇：一是不改變配方與原料，只修改食品標籤，注明「含有基因改造成

摸索：向着安全與健康出發

分」；二是使用非基因改造原料代替現有配方中的基因改造原料，不改變現有標籤。

在直覺上，第一種選擇增加的成本非常小，僅僅是修改一下標籤而已。但是，總有一部分消費者會因為這一標注而不再購買該產品，因此產品的總銷量必將受到影響。食品公司的總利潤取決於銷售總量和利潤率，銷量的減少必然導致利潤的減少。此外，單位產品的生產成本跟生產總量密切相關，產量愈小，單位成本也就愈高。美國的食品公司如果選擇前者，那麼會導致單位生產成本增加、總收益下降。因此，「加州 37 號提案」指出，食品公司不大可能採取這種方式。

如果選擇後者，顯然會增加商家的成本。一方面，非基因改造原料的價格要高於基因改造原料；另一方面，商家在產銷過程中必須要採取措施，防止混入基因改造成分。「加州 37 號提案」的分析結果是，加州每年增加的食品成本大約為 45 億美元，而這會分攤到消費者頭上。

是否標注其實是知情權和經濟利益的博奕

基因改造食品是否強制標注，實質上是由此增加的食品成本和知情權之間的博奕。美國食品中基因改造原料的使用已經很廣泛，因此強制標注會導致明顯的成本增加，同時會有一部分消費者轉向有機產品或者非基因改造產品。所以，主流的食品行業一直反對強制標注。而 FDA 則從科學的角度出發，表示「既然沒有必要標注，那麼就不該標注」。

但消費者並非如此理性，因為體現在日常食品中的增加成本並沒有那麼明顯。食品的銷售價格受很多因素影響，成本所佔的比重未必最大。在反對「加州 37 號提案」的意見中，每個家庭一年增加的食品開銷大約 400 美元，其實只佔到食品總開銷的 3% 左右。在現實生活中，購物時多花了 3% 的錢不一定被注意到——有人會為了這 3% 的差別放棄知情權，也有人願意付出更高的代價來獲得知情權。加州民眾關於是否標注的投票結果是 53% 對 47%，反對標注的一方險勝。要知道，加州是美國經濟最發達、公眾科學素養相對較高的州，一年幾百美元的支出增加可以使加州民眾反對標注，關鍵還是他們對基因改造的接受程度更高。如果對基因改造的接受程度不那麼高，那麼這 3% 的食品開銷差別就未必能讓人們放棄知情權了。

提案通過是因為「和稀泥」

雖然佛蒙特州很小，總人口還不到 100 萬，但是該州通過的標注法對食品行業產生了巨大影響：一方面，其他州很有可能跟進，從而使得要求強制標注的州愈來愈多；另一方面，食品公司不可能針對不同的州進行不同的生產，往往只能按照最嚴格的標準來生產。

提交國會的一項提案推翻了佛蒙特州通過的法律，也阻止了其他州再通過類似的法律。這項法案在佛蒙特州的明確標注和 FDA 現行的自願標注之間找到了一個平衡點，它規定：如果食品中使用了基因改造原料，那麼就需要標注，標注方式可能是具體的文字、基因改造食品的圖案或者二維碼。至於法規的具體實施細節，比如來自基因改造作物但不含基因改造成分的原料（比如油、澱粉、糖漿、糖等）是否需要標注，以及標注閾值是多高，等等，並沒有提及。

基因改造食品該不該標注，是科學問題；要不要標注，是社會問題。社會問題的解決並不總是基於科學結論，而必須考慮社會中各種意見的博弈和妥協。美國國會通過的上述法案，「挺轉」的不完全滿意，「反轉」的也不完全滿意。但是正如反對強制標注的美國大豆協會主席所說的那樣：「我不認為它是他們能夠擁有的最好法案，但它是能夠通過的最好法案。」

「糖稅」，
是健康措施還是苛捐雜稅？

2018 年 4 月 6 日，英國開始對含糖飲料額外徵稅：含糖量 8% 以上的飲料，每升加稅 24 便士（約港幣 $2.44）；含糖量為 5%~8% 的飲料，每升加收 18 便士（約港幣 $1.83）；果汁和乳飲料因為含有其他營養成分而豁免。各種經典碳酸飲料的含糖量在 10% 左右，而各種低糖飲料的含糖量也在 5% 以上。這意味着，含糖飲料基本上都在收稅之列。比如可樂，標準罐裝的價格從 70 便士（約港幣 $7.11）漲到 78 便士（約港幣 $7.92）。

這種被稱為「糖稅」的稅種早在 2016 年就有了，之所以在兩年後執行是方便飲料公司開發新配方來降低糖的含量。然而，加稅並不能阻止含糖飲料的愛好者們，糖飲料依然會有巨大的銷量。英國政府估計，每年將通過糖稅獲得 5.2 億英鎊的收入，他們計劃將這筆收入用於小學教育。

2016-2018 年，關於糖稅的爭論一直相當激烈。營養學界和醫學界支持的聲音佔主導，畢竟糖對健康構成危害已經成為共識。各國的膳食指南也都把控制糖攝入量作為一個主要的原則。世界衛生組織也制定了一個推薦標準：成年人每天攝入的添加糖不超過 50 克，最好控制到 25 克以下。

即便是很喜歡甜食的消費者，對於糖的危害和降糖的推薦一般也沒有異議。爭論的核心其實有兩點：糖稅是否真的能讓人們少吃糖？徵收糖稅是否侵犯了喜愛甜食的消費者的權利？

每瓶飲料的價格增加 10% 左右，是否會促使一個人不喝或者少喝這種飲料？這跟個人的經濟情況以及對含糖飲料的愛好程度密切相關。政策的制定者，則要考慮糖稅對全社會的影響。只要能夠促使一部分人減少糖的攝入，那麼政策就是成功的。

美國費城從 2017 年 1 月起對含糖和代糖飲料都加了稅，標準是每盎司 1.5 美分（約港幣 $0.12），相當於每罐飲料漲價 18 美分（約港幣 $1.4）。

廿一世紀吃的真相 — 食物安全真與假

2017 年發表的一篇論文考察了這一政策的實施對飲料消費市場的影響。研究者隨機抽取電話號碼進行調研，分別在加稅前和加稅後詢問受訪者購買飲料的情況。研究者在費城地區得到了 899 位受訪者的反饋，在附近未加稅的城市得到了 878 位受訪者的反饋。研究者將兩份反饋進行對比，結果顯示：加稅後的兩個月中，常規蘇打飲料的消費量下降了 50%，能量飲料消費量下降了 64%，而瓶裝水的消費量上升了 58%。

從這組數據來看，加稅對降低糖的攝入量效果很明顯。當然，這或許是剛剛加稅時的短期效應，之後人們是否會習慣更貴的糖飲料，是否會恢復之前的飲食習慣也不得而知。不同地區的人對於糖稅的反應也不見得相同。比如墨西哥從 2014 年開始對糖飲料增加 10% 的稅，此後一年中糖飲料消費量僅下降了 12%。

徵收糖稅，影響的並不僅僅是價格。它會把含糖飲料有害健康的理念傳播得更廣泛。對於不健康的生活方式，監管部門可以採取不同的方式表達不支援的態度。比如強制標注反式脂肪含量，就大大促進了食品行業積極尋求替代氫化植物油的方案。在食品行業對氫化植物油的依賴大大減少之後，FDA 進一步收回了它的普通食品原料資格，要求「先審批，後使用」，實質上禁止了它的使用。美國目前強制標注添加糖的含量，跟當初強制標注反式脂肪含量一樣，希望藉此促使食品行業改善配方。標注添加糖給食品公司帶來了一定的壓力，但糖和反式脂肪畢竟不同，消費者對它沒有那麼敏感。美國也一直在討論採取進一步的措施，比如有的地方不許含糖飲料進校園，而有的地方則加征糖稅。

食品行業是競爭激烈、薄利多銷的行業，消費趨勢的些許變化都會促使企業採取行動。徵收糖稅，更大的影響是有更多的企業開發「低糖」、「無糖」的新配方。有報道稱，匈牙利在徵收糖稅之後，食品中的糖含量降低了 40%。

摸索：向着安全與健康出發

總體而言，徵收糖稅在全社會的層面上是有利的。它不僅會降低一部分含糖飲料的消費，也會促進食品行業改善配方。不過，對於那些即便加稅也依然要喝含糖飲料的消費者，這確實有些不公平。以英國的糖稅為例，這種做法相當於強迫這部分消費者多出錢補貼小學教育。不過也有人認為，多喝含糖飲料危害健康，也會佔用更多的社會醫療資源；就像對煙酒行業徵收更高的稅一樣，要求可能佔用更多社會醫療資源的群體多交一些稅，對於其他保持健康生活方式的人群才公平。當然，關於這個話題的爭論，已經超出了健康領域，而是社會資源配置的問題了。

廿一世紀吃的真相 — 食物安全真與假

第四章

反思：那些事故與著名的官司

「爆谷肺」的官司

2012 年，美國科羅拉多州一個叫維恩 • 沃森的男子狀告爆谷生產商與經銷商勝訴，得到了 730 萬美元的賠償。他患了閉塞性細支氣管炎，俗稱「爆谷肺」，法庭認可他的指控，認定生產商與經銷商應該負責。「爆谷肺」是如何形成的？這個官司又是怎麼回事呢？

有一種物質叫雙乙醯，能產生牛油的香味，經常被用到爆谷中。2000年，美國密蘇里州一名長期接觸這種調料的工人出現了咳嗽、氣喘、呼吸困難等症狀，最後被確診為閉塞性細支氣管炎。密蘇里州的衛生與老年人服務部開始調查爆谷與這種症狀之間的關聯，並請求美國國家職業安全與衛生研究所的技術支持。調查結果表明，雙乙醯會形成細微顆粒飄散到空氣中，然後被吸入肺部。跟其他進入肺部的粉塵一樣，雙乙醯可能沉積在肺的氣管中而導致阻塞。美國國家職業安全與衛生研究所在 2004 年公佈了一份檔，警告工業界要「預防使用和製作調料的工人的肺部疾病」。

後來出現了更多的病例，患者紛紛起訴企業。2004 年，其中一名患者獲得了 2,000 萬美元的賠償。此後，有的企業停止使用雙乙醯，而繼續使用的企業也會加強對工人的保護。產生粉塵的生產過程並不少見，但在充分的保護措施之下，也並非不可接受。

各種有害物質的危害都跟使用的劑量有關。雙乙醯導致工人得了「爆谷肺」，是因為工人長時間處於充斥着雙乙醯香味的環境中。而爆谷的消費者聞到這種香味的時間很短，因此也就沒有人認為吃爆谷會有問題。

在維恩 • 沃森被查出「爆谷肺」之後，醫生問他是不是喜歡吃爆谷。他回答是，在過去的 10 多年中，他每天要吃兩包爆谷。於是，醫生把他作為第一例「大量吃爆谷而導致爆谷肺」的案例做了報告。醫生指出，雖然不能肯定他的「爆谷肺」一定是吃爆谷導致的，但是找不到其他的解釋。

長期接觸雙乙醯的工人可能會得「爆谷肺」已被證實，維恩 • 沃森患了同樣的疾病，且長期吃大量爆谷，而醫生找不到其他原因來解釋他的病因，

廿一世紀吃的真相 — 食物安全真與假

這三點加在一起，在科學上並不足以做出嚴謹的判斷。於是被告方辯稱，維恩・沃森的肺病可能是他在工作中長期接觸地毯清洗劑導致的。在美國的司法體系裏，指控是否成立由陪審團來判斷，而陪審團是隨機選取的普通公眾，他們在心理上通常更傾向於支持個人或者弱勢一方。所以，陪審團採信了「長期大量吃爆谷導致爆谷肺」這個結論並不意外。

除了這一個病因的判斷，原告律師對企業的指控還有「明知爆谷調料可能導致『爆谷肺』，卻沒有告知消費者」。這一條明確指控原告患病是由被告的疏忽或者過錯造成的，於是要求巨額賠償。平心而論，這一條指控有點無賴，因為此前根本沒有任何資料顯示吃爆谷時接觸的雙乙醯量會導致生病，國際食品添加劑專家委員會的評估結果也是雙乙醯「在作為調料使用的情況下，沒有安全性問題」。

在這樣的背景下，要求企業告知消費者爆谷中的調料雙乙醯可能導致「爆谷肺」，有點像在麵粉袋子上註明「麵粉粉塵可能導致肺部疾病」。不過，維恩・沃森畢竟是個倒霉的人。不管這個官司的判決是否合理，讓財大氣粗的爆谷公司出點血，就算是「劫富濟貧」吧！

不斷刷新的天價罰單

2012 年 7 月，美國司法部宣佈，英國製藥巨頭葛蘭素史克公司（GSK）認罪，接受總計 30 億美元的罰單。這筆罰款接近葛蘭素史克公司一年利潤的三分之二，可以説是傷筋動骨。它的主要罪名是「超適應證推廣」，此外還有「未報告藥品安全數據」。

在現代醫藥管理體系裏，一種新藥必須提供充分的證據證明該藥物在特定使用劑量、使用方式下，對於某種病症有明顯療效，並且這一療效對病人的益處明顯超過它帶來的副作用。只有這些證據被主管部門審核認可，它才能上市銷售。在銷售時，藥物必須嚴格按照所批准的劑量、用法以及適應證進行標注。

但一種藥物往往還有其他用途。比如一種被批准對成人使用的藥物，可能對兒童也有效，但在獲得兒童服用後的有效性與安全性數據之前，它不會被批准用於兒童。再比如，一種治療抑鬱症的藥物，可能有助於減肥，但減肥這一好處是否超過副作用，就需要另外評估。

這些沒有被批准的用途可能也是安全有效的，只是還沒有獲得足夠的數據。雖然可能存在更大的或者未知的風險，但在某些特定情況下，它們所帶來的好處也可能超過風險，這就是「超適應證使用」。比如一個癌症晚期的病人可能就願意嘗試一些尚未被批准但可能有效的藥物。據統計，美國有一半的癌症病人用過「超適應證使用」的藥物。

針對一種具體的症狀，需要依靠專業知識權衡利益與風險。美國把這種權衡的權力交給了醫生。也就是説，如果醫生認為某種「超適應證使用」的藥物對病人好處比較大，那麼他就可以使用，並不違法。製藥公司雖然比醫生更瞭解這些藥物，但它們的權衡受自身利益的影響，因此不具有客觀性。為了維護病人的權益，製藥公司被禁止推廣任何超適應證使用的藥物。

在現代醫藥行業，藥品的成本主要是研發費用，生產成本通常並不是太高。當一種藥品被開發出來，每多一種適應證就能憑空增加大量收入。「超

適應證使用」對於製藥公司來說，無異於一本萬利。但是法律又禁止對其進行推廣，於是如何讓醫生選擇，就成了它們營銷的目標。

在美國，製藥公司最常見的推廣方式就是在旅遊勝地開個研討會介紹藥物療效，請醫生們探討業務，提供食宿以及一些娛樂活動。這些擦邊球當然也屬推廣，但是由於取證很困難，所以在美國的醫藥界廣泛存在。FDA 以及美國司法部致力於嚴打，不過抓住的只是少數。在過去的 10 多年中，美國總共整治了 20 多起類似的推廣事件，多數罰單是幾億美元，檢舉揭發者拿到的獎金也會高達幾百萬甚至上千萬美元。

2009 年，輝瑞公司因為此類推廣事件被罰了 23 億美元。當時的評論認為，這張「史上最大」的罰單會對醫藥行業產生一定的震懾。然而不過 3 年，葛蘭素史克公司就刷新了紀錄。這一紀錄，還會被刷新嗎？

「粉紅肉渣」的生與死

2012 年年初，麥當勞宣佈將在美國停止使用含有「粉紅肉渣」的牛肉餡做漢堡。一時間，中國消費者人心惶惶。雖然麥當勞宣佈中國的漢堡本來就不含有這種原料，但許多消費者仍然憂心忡忡。「粉紅肉渣」到底是甚麼東西？麥當勞為甚麼會宣佈停止使用呢？

美國的牛肉在加工過程中會產生大量的渣滓，其中含有許多脂肪、皮、軟骨、筋等。一直以來，它們被拿去做動物飼料。後來有人開發出了新的加工流程，通過加熱和離心等處理方法，把脂肪等雜質去掉，得到了純度很高的瘦肉。這種瘦肉的正式名稱為「細絞瘦牛肉」，但一位農業部官員給它起的外號「粉紅肉渣」得到了更多認同。這種肉中含有的瘦肉超過 90%，比正常牛肉中含有的瘦肉比例還要高。但是，「粉紅肉渣」很容易滋生細菌，所以需要進行滅菌處理。在目前的處理流程中，人們通常用氨或者檸檬酸來滅菌。經過這些處理，「粉紅肉渣」中的細菌少到檢測不出來的程度。2001 年，美國批准「粉紅肉渣」作為食品添加劑使用——不能直接賣給消費者，但可以加到牛肉製品中。在牛肉餡裏，如果「粉紅肉渣」的添加量不超過 15%，那麼它就不需要進行標注。

因為沒有標注，所以人們也不清楚自己吃的肉餡中是否含有「粉紅肉渣」。這麼相安無事了十餘年，其間人們雖然偶有質疑，不過反響不大，也就沒有引起太多關注。主要的質疑有兩點：一是雖然它含有超過 90% 的肉，但其中有一些是肉皮、筋之類，不能算是真正的牛肉；二是用氨來滅菌，殘留的氨水可能有害健康。本來氨是一種很安全的加工助劑，不管是美國還是中國，都允許其「按照需要」用於食品加工中。但是牽涉食品安全這個敏感詞，消費者傾向於避免使用。在加拿大和歐洲，氨的使用都沒有獲得批准。

到 2012 年，質疑愈來愈多。2012 年 3 月，美國廣播公司（ABC）新聞網連續播出了一系列節目，曝料「市場上的牛肉餡中 70% 含有『粉紅肉渣』」，並且採訪了一些專家，揭露了這種產品的安全隱患。這家全國性的媒體影響力實在巨大，節目一經播出，全社會嘩然。除了麥當勞、漢堡王、塔可鐘（Taco Bell）、雲狄斯漢堡等大型連鎖速食店，沃爾瑪及其會員店山

廿一世紀吃的真相 — 食物安全真與假

姆會員商店、Costco、克羅格等主要食品經銷商，紛紛表示沒有銷售或者停止銷售含有「粉紅肉渣」的產品。

拒絕銷售含有「粉紅肉渣」的產品對於這些餐飲店或者經銷商並沒有明顯影響，但「粉紅肉渣」的生產商損失慘重。未到 2012 年的年中，「粉紅肉渣」的三大生產商就產量大減，有的甚至申請了破產保護。

不過，美國農業部公開重申：細絞瘦牛肉可以安全食用，不會影響消費者健康。在農業部為全國學生提供的「午餐計劃」中，依然可以使用含有這種添加劑的牛肉，只是從 2013 年起，學校可以自己決定選擇不含細絞瘦牛肉的產品。

從法律上說，「粉紅肉渣」毫髮未損，但在市場中，它已經奄奄一息。牛肉製品公司把這歸結於誹謗，在 2012 年 9 月對美國廣播公司新聞網及其三位記者、給該產品起外號的農業部官員，以及節目中受訪的專家提起訴訟，指控他們對「粉紅肉渣」進行了 200 餘處錯誤、虛假、誤導和誹謗性的陳述，索賠 12 億美元。

根據媒體對法律界人士的採訪，這種誹謗官司多數不被受理，或以庭外和解告終。畢竟，誹謗和新聞監督之間不是那麼涇渭分明，而原告要證明被告「明知虛假資訊還進行報道」，也不是一件容易的事情。不過科學和法律畢竟站在原告這邊，美國農業部和 FDA 明確支援它的安全性。經過法律訴訟，不管「誹謗」是否成立，「『粉紅肉渣』不存在安全問題」這個結論會被更多人知曉。但是，它帶來的好處畢竟有限，消費者可能還是更多地站在被告一邊。在「粉紅肉渣」的生死上，法律和市場，站在了相反的立場。

反思：那些事故與著名的官司

一瓶純淨水引發的驚天賠償案

2009 年 10 月，美國許多媒體報道了一起令人捧腹的官司：在一起侵犯知識產權的訴訟中，百事可樂的一名秘書忘了處理法庭通知，導致法官做出缺席判決，並要求百事可樂向原告賠償 12.6 億美元。

這或許是歷史上最昂貴的「失誤」了。事情得從 1981 年説起。當時，威斯康辛州的居民喬伊斯和福格特會見了百事可樂的經銷代表，給他講了一個瓶裝水創意。雙方簽訂了保密協議，但此後沒有進一步接觸。

直到 2007 年，有一天喬伊斯買了一瓶百事可樂的 Aquafina（純水樂）純淨水，發現跟他和福格特當年的那個創意如出一轍。於是，他們請了律師，在 2009 年 4 月正式起訴百事可樂及其經銷代表違反保密協議以及盜用商業機密。

但百事可樂的法律部門一直沒有注意到這起訴訟，直到 9 月 18 日，秘書凱蒂 · 亨利才收到了她的上司轉來的公函。令人啼笑皆非的是，凱蒂當時正忙於別的工作，於是把這個法庭公函隨手放在了一邊，既沒有轉給其他人，也沒有在她的工作日誌中進行記錄。9 月 30 日，法官對百事可樂做出缺席判決：原告勝訴，百事可樂須賠償 12.6 億美元。

這筆賠償金額超過了百事可樂一年利潤的 20%，接到判決時凱蒂才想起來此前確實有這麼一封公函。如果真要賠償，那麼百事可樂估計會損失慘重。百事可樂的發言人承認他們內部的工作流程存在問題，但宣稱這起訴訟「一無是處」，要求法院取消判決。

巨額的賠償加上秘書令人捧腹的失誤，引起了媒體濃厚的興趣，許多媒體報道了這一判決。然而只過了幾周，法官就取消了原來的判決，並駁回了這起訴訟，理由是過了訴訟時效。

廿一世紀吃的真相 — 食物安全真與假

巨額賠償沒到手就飛了，兩位原告自然不甘心，於是在 2010 年提起了上訴。第 4 區上訴法院維持了一審法官的判決：此案已過訴訟時效。

法院認為，百事可樂是在 1994 年推出 Aquafina 純淨水的，如果違反保密協議，時間必然發生在 1994 年（這款水上市）之前。按照威斯康辛州的法律，原告應該在 6 年內提起訴訟。然而原告直到 2009 年才起訴，已經遠遠過了訴訟時效。

美國法律規定，「發現被盜用」或者「通過合理的盡職調查應該已經發現了被盜用」的 3 年之內，都在訴訟時效內。喬伊斯宣稱他發現被侵權是在 2007 年，在 2009 年提起訴訟並未過期。但上訴法院否決了這一點，認為百事可樂推出 Aquafina 純淨水的十幾年之後喬伊斯才發現被侵權，足以說明他的機密已經過時，他也沒有進行盡職調查。

上訴法庭駁回上訴還有一個原因，就是原告在最初的起訴中並沒有指明被侵權的金額，他們是在發現百事可樂沒有及時答覆訴訟之後，才加上了 12.6 億美元的訴訟要求，但是沒有告知百事可樂。

至此，這個官司告一段落。對於中國公眾來說，憑藉近 30 年前跟人談過的一個創意，就要求天價賠償，未免太不可思議。但是，這起官司最大的價值不在於訴訟本身，而在於法治社會如何保護知識產權。哪怕是一個小小的創意，簽訂的保密協議過了很多年依然可能有效。兩位原告敗訴，並不意味着百事可樂沒有違反協議以及盜用知識產權，而僅僅是因為他們起訴得太晚。如果兩位原告在百事可樂剛剛推出 Aquafina 純淨水的時候就起訴，那麼他們會毫無懸念地贏得官司。

農民與大企業的專利之爭

加拿大農民挑戰孟山都公司

在孟山都公司的企業行為中，起訴農民或許是最被詬病的一件事。孟山都公司與加拿大農民波西 · 施梅哲之間的官司，更是一個經常被扭曲使用的案例。

卡羅拉是加拿大培育的一種改良油菜，孟山都公司在其中轉入了抗草甘膦基因。施梅哲是種植卡羅拉的農民，1997 年，他發現有幾英畝的卡羅拉在施用草甘膦之後，大約有 60% 活了下來。於是他把這些種子收集起來，在 1998 年種植了 1,000 多英畝，其中能夠抗草甘膦的佔 95% 以上。

孟山都公司指控施梅哲侵犯了抗草甘膦的專利權，因為施梅哲沒有購買抗草甘膦卡羅拉的種子，也沒有獲得授權留種。而施梅哲則認為，他並沒有種植抗草甘膦卡羅拉，他田裏的那些具有抗性的作物是被污染的結果。他堅持他的「農民權」，即對於他的農場裏長出來的作物，他可以按任何方式處理它們的種子。

孟山都公司起初尋求庭外和解。不過施梅哲並非老實巴交、軟弱可欺的農民，他曾經擔任過所在城市的市長，並在省立法機關工作過，不乏政治智慧。他拒絕了孟山都公司的提議，因此雙方對簿公堂。一場「老鼠對大象」的鬥爭本來就足夠吸引人，而且這個官司還牽涉到基因改造以及知識產權，自然引起了巨大的關注。尤其是許多反對基因改造的組織，更是表現出了很大的熱情。以至於法院不得不發表聲明，本案只審理是否侵犯專利權，並不涉及對生物技術的評判。

官司從 1998 年開始，經過加拿大聯邦法院、聯邦上訴法院直到加拿大最高法院，在 6 年之後才得到了最後判決。施梅哲辯稱 1997 年的那些抗草甘膦作物是偶然污染的結果，比如其他農場運送種子的車泄漏，或者風以及昆蟲傳粉等。孟山都公司則提供了許多證據指出施梅哲所說的途徑不大可能成立。雖然法庭認為孟山都公司的理由更為充分，然而最後的判決迴避了

廿一世紀吃的真相 — 食物安全真與假

1997 年的種子是否侵權這一問題，而只針對 1998 年的種子做出了判決。法院認為那麼高密度和那麼大面積的抗草甘膦作物，不可能是偶然污染的結果，施梅哲是在知道或者應該知道哪些種子具有抗草甘膦特性的情況下進行了種植，所以孟山都公司的指控成立。

加拿大的法律中沒有「農民權」，法庭認為如果作物被污染了（施梅哲所說的其他農場的種子洩漏、風與昆蟲授粉等情況），農民依然擁有這些作物，但這不意味着他們可以使用受專利保護的基因或者種子。

施梅哲還提出了一個辯護理由，他認為抗草甘膦作物需要與草甘膦一起使用，才能發揮作用。而他的那 1,000 英畝卡羅拉地並沒有使用草甘膦，所以沒有侵權。這個理由被法庭駁回了，因為孟山都公司的專利保護的是含有抗草甘膦基因的作物，並不要求與草甘膦共同使用；施梅哲沒有使用草甘膦只是因為使用的必要性沒有出現，就像一艘船上裝一台擁有專利的發動機，即使並沒有啟動過，也是使用了其專利。

考慮到施梅哲沒有因為種植那批種子而獲得額外利益，法庭並沒有判決施梅哲對孟山都公司進行賠償。雖然這筆賠償只有不到兩萬美元，但是如果判決賠償的話，那麼施梅哲就需要承擔孟山都公司高達幾十萬美元的訴訟費用。從這個角度而言，施梅哲取得了部分勝利。而孟山都公司雖然付出了幾十萬美元的代價，但是捍衞了專利權，從這個角度來看，孟山都公司認為自己是勝利的。

孟山都公司起訴阿根廷農民再次獲勝

這不是孟山都公司第一次起訴農民侵犯種子專利權了，在此前與加拿大農民的訴訟中，加拿大法院最終判決孟山都公司勝訴。

許多陰謀論者說，這是法律為壟斷資本服務的佐證。然而實際上，在美國形形色色的個人與巨頭的官司中，法律的天平往往是偏向弱小者的。但是

反思：那些事故與著名的官司

這一次，美國最高法院毫不猶豫地反對農民的行為，即便孟山都公司在美國的形象並不算好。

這是一起關於知識產權的訴訟，侵權行為在法律上並不難判定。對基因改造種子收取專利費，許多人難以理解和接受。在人們看來，種了一地莊稼，留下一部分作為種子，這是古已有之、天經地義的事情。阿根廷的法律就是這麼規定的，所以阿根廷豆農靠孟山都公司的基因改造大豆躋身世界大豆三大生產國，而孟山都公司卻沒有因此獲得甚麼收益。

然而，這並非長久之道。鬱悶的孟山都公司在第一代種子上認栽，但在推出新一代基因改造種子時，就對阿根廷豆農「特別關照」。如果豆農想用新一代種子，就得簽訂「不平等條約」。

第一代基因改造種子相對傳統種子而言有很大優勢，所以阿根廷豆農可以借此獲利。新一代種子會比第一代種子更好，但是，它不是憑空產生的，它是通過第一代種子賺來的錢研發的結果。資本家願意投資研發，是因為賺回來的錢會比投入的多。如果沒有這種賺錢的機會，那麼就不會有新一代種子的誕生，豆農們也就無法享受新一代種子帶來的好處。雖然豆農們可以繼續用不花錢的上一代種子，但他們擔心不用新一代種子就會在國際市場競爭中處於不利地位，於是紛紛接受了孟山都公司的付費要求。

美國、巴西、加拿大的農民們支付了種子費用，孟山都公司賺得盆滿鉢滿，同時農民也因更好的種子而獲利。也就是說，新種子既為開發者帶來了滾滾利潤，也為使用者帶來了足夠的好處。這是技術發展帶來的雙贏。

科學技術發展到今天，任何新產品的研發都要靠高昂的投資。希望科學家勒緊褲帶苦心研究，然後將科研成果無償獻給社會，只是烏托邦式的幻想。依靠「國家重視」和「政府投資」，也不是可持續之道。孟山都公司一年投入研發的錢以 10 億美元計，但也要耗費幾年才能研發出一個成功的產品。

唯有讓資本家投資，然後保證他們的成果可以賺到更多的錢，才是發展之道。而保護知識產權，就是實現這種良性循環的根本。美國人清醒地認識到了這一點，所以格外注重知識產權的保護。

雪印牛奶危機，
食品史上的一次反思

　　日本有一個乳製品品牌叫雪印，但是它的產品中卻不包括牛奶。這並不是雪印不想賣，也不是它沒有生產牛奶的能力。實際上，這家成立於1925年的企業，在2000年之前是日本三大品牌牛奶的領頭羊。

　　雪印之所以退出牛奶市場，純粹是自己「作死」的結果。雪印牛奶危機是食品安全管理中的經典案例。

　　事情要追溯到2000年3月31日。那一天，雪印牛奶在北海道地區的工廠停電了，生產綫停止運行。該工廠負責對牛奶進行脫脂，然後製成奶粉運送到其他地區，復原成液體奶再銷售。脫脂工段的操作溫度為20~30℃，正常生產時原料只在這個溫度下停留幾分鐘。然而這次，從停電到來電恢復生產，原料在這個溫度下停留了4個小時。在乳製品生產綫上，原料儲罐需要保持低溫，而這幾個小時的停電使一個儲罐在9個小時內無法保證產品所需的低溫條件。

　　按照生產規範，發生了這樣的事故之後，生產綫上的原料應該全部丟棄。然而，工廠管理人員心存僥幸，認為這幾個小時的停電不會對原料造成多大影響，即便是有細菌產生，經過後續的滅菌處理也能夠達到質量安全要求。於是，來電之後他們繼續生產。

　　在後續生產的830袋低脂奶粉中，有450袋細菌檢測合格，其餘380袋細菌總數超標大約1%。在食品生產中，有一些產品的不合格跟安全性無關，比如物理形態或者營養指標的不合格，這些產品可以放回原料中再利用。但如果是安全性指標不合格，比如細菌超標，那麼就不允許再利用。該廠的管理人員或許覺得超標1%左右不是甚麼大問題，於是選擇將其放回原料中「返工再利用」。

　　最後，這些返工的原料加上新的原料，一共生產了750袋「合格」的低

反思：那些事故與著名的官司

脂奶粉。4 月 10 日，278 袋奶粉被運到了大阪。6 月 23 日開始，大阪的工廠用這批奶粉生產低脂牛奶。

從 6 月 27 日開始，陸續有雪印牛奶的消費者報告食物中毒。28 日，當地政府下令雪印停止生產，召回上市牛奶並公開通告該事件。然而，雪印的管理層仍心存僥幸，沒有立即停產並召回，而是在 29 日早上還在「進一步確認」。最後，他們終於在 29 日公開確認了事件，並宣佈 30 日開始召回。

7 月 2 日，日本衞生部門在雪印的低脂牛奶中發現了葡萄球菌腸毒素。葡萄球菌是乳製品中常見的有害細菌，其本身並不耐熱，很容易被滅殺。但是，如果它們在被滅殺之前大量滋生，就會分泌毒素。而這種毒素能夠承受住殺菌的高溫而保持活性。牛奶對於人來說是營養豐富的食物，對細菌也是。在停電的那幾個小時中，那批牛奶原料中的金黃色葡萄球菌產生了大量毒素。雖然後來的殺菌和返工再利用滅殺了細菌，但其留下的毒素卻足以「報復人類」。

牛奶是日常消費品，一兩天的延誤，就會導致許多消費者飲用問題牛奶。大阪和周邊地區都出現了問題牛奶。7 月 5 日，報告中毒的人數已經超過 10,000 人。7 月 10 日，整個日本關西地區有 14,780 人報告因為這些牛奶而食物中毒，出現了不同程度的嘔吐和腹瀉。其中，一位 84 歲的老太太因食物中毒引發其他疾病而去世。

公眾的憤怒不僅僅在於牛奶本身，還在於雪印管理層心存僥幸及拖拉的處理方式。7 月 11 日，雪印宣佈 21 家工廠停產。

7 月 25 日，日本監管部門批准了其中的 10 家工廠恢復生產。8 月 2 日，又宣佈 20 家工廠已經確認安全並恢復生產。

但是，憤怒的消費者對雪印已失去了信任，紛紛抵制雪印牛奶。到 2001 年，抵制仍在繼續，跟牛奶業務相關的子公司不得不關門謝罪。從此，雪印公司不再經營牛奶業務。

食品行業有一句話：安全食品是生產出來的，不是檢測出來的。實際上，雪印賣出去的那些牛奶，甚至生產那些牛奶所用的奶粉，如果檢測的話，

都是「合格」的。但「檢測合格」和「產品安全」之間，只有在「符合生產規範」的前提下才能等同。比如，在雪印牛奶的常規生產流程下，如果檢測細菌總數合格，那麼就意味着產品中的細菌很少；如果在生產流程中沒有給細菌大量滋生的機會，那麼就不會出現細菌毒素。

按照許多消費者的思路，既然有可能出現細菌毒素，那麼在產品中增加毒素檢測不就可以了嗎？對於某種具體的毒素，增加檢測環節當然可以。但是，食品生產中可能存在的「風險因素」很多，比如除了葡萄球菌腸毒素，也完全可能有其他致病細菌產生其他毒素。增加的檢測指標愈多，生產的成本也就愈高，而這些成本最終都會轉嫁到消費者身上。

在食品生產中，檢測合格只是一個必要條件。要充分保障安全，並不能僅僅依靠監管機構的檢測，更需要生產企業遵守規範。在嚴格遵循生產過程的基礎上，檢測標準才能夠保障安全。

奧利司他的傷肝故事

奧利司他是一種脂肪酶抑制劑。控制脂肪攝入是主要的減肥手段，食物中的脂肪只有經過腸道消化成小分子才能被吸收，如果抑制了這個消化過程，那麼脂肪也就不會被吸收了。脂肪酶抑制劑就是這樣一類物質，可以通過抑制脂肪消化來幫助人們減肥。

在美國，奧利司他是作為減肥藥物進行申報的。FDA 全面審查了其安全性與有效性數據，包括多項臨床試驗，總共涉及幾千人。其中，有 2,000 多人服用奧利司他一年以上，近 900 人服用兩年以上。試驗者會定期接受身體各項指標的檢查，同服用安慰劑的對照組相比，服用奧利司他的那組志願者沒有出現明顯的副作用。

1999 年，FDA 批准了劑量為 120 毫克的奧利司他作為處方藥，可以與低熱量飲食搭配使用，以及防止減肥後反彈。這就是減肥藥賽尼可。2007 年，FDA 又批准了另一個版本的奧利司他作為非處方藥銷售，用於成人的減肥。這就是「阿萊」，其有效成分跟賽尼可一樣，只是劑量為 60 毫克。後來，世界上大約有 100 個國家批准奧利司他用於減肥。

FDA 有一個副作用報告系統。這種對上市藥物的繼續監控，有時也被稱為「四級臨床」——如果發現了以前未知的毒副作用，被批准的藥物就會被撤市。1999-2008 年，FDA 總共收到了 32 例奧利司他使用者肝臟嚴重損傷的報告，其中 6 例肝功能衰竭。

雖然這 32 例報告中只有 2 例發生在美國，但 FDA 還是給予了充分的重視。2009 年 8 月底，FDA 發佈了情況通報，把這些資訊傳達給公眾，表示正在對奧利司他損傷肝臟的病例進行調查。不過，FDA 並未建議停止使用這兩種藥物，只是呼籲注意副作用症狀，一旦出現不適及時就醫並且向 FDA 報告。

2010 年 5 月底，FDA 公佈了調查結果。在這些病例報告中，FDA 確認了 13 例，其中 2 例病人已經死於肝功能衰竭，3 例需要肝臟移植。

但是，FDA 無法確認奧利司他導致肝臟損傷的因果關係。因為，FDA 還注意到了幾點事實：第一，在 10 年間確認了 13 起病例，但這期間奧利司他的使用者多達 4,000 萬；第二，這些病人中有一些人同時服用了其他藥物或者有其他因素干擾，這也可能導致肝臟損傷；第三，不服用藥物的人，也有可能原因不明地出現肝臟損傷。

公眾希望看到的是「有害」還是「安全」的明確結論。然而，調查結果卻是，FDA 無法就「奧利司他導致肝損傷」給出明確的結論。

FDA 決定，既然無法做出結論，那麼就把實際情況傳達給公眾，由個人和他的醫生根據自己的實際情況來權衡利弊，決定用還是不用。具體做法是，要求廠家修改賽尼可的標籤，增加一條安全資訊說明——「該藥的使用者中出現過零星的嚴重肝臟損傷病例」。而在阿萊的標籤上，這一內容被標注為「警告資訊」。

在公佈結論的時候，FDA 還通過問答形式給出了對公眾的建議。FDA 認為，消費者可以繼續使用賽尼可和阿萊，但使用前應該與醫生溝通。一旦出現肝臟損傷的症狀，比如瘙癢、眼睛或皮膚發黃、發燒、四肢無力、嘔吐、尿黃、大便淺色或食慾不振等，就應立即停藥並與醫生聯繫。

任何藥物都在有效與風險之間權衡，而監管的作用就是把權衡的結果轉化為公眾易於理解的操作指南。有些時候，科學數據不能給出是或否的明確答案，監管只能把事實告訴公眾，讓大家自己去選擇。

反思：那些事故與著名的官司

「能量飲料」的事故報告

　　我們經常看到某人吃了某種食物出現異常的報道，有些異常甚至是死亡。但是，產生異常之前吃了甚麼食物是一個經過挑選的陳述，準確的事實是：出現異常之前，某人吃的食物中包括該食物。這一事實仍然是不全面的，因為還可能有許多其他因素與這種異常相關，比如疾病或者受到了其他刺激。

　　這種報道一出現，總是會引發一陣恐慌。很多人選擇不吃來保護自己。沒有任何一種食物是非吃不可的，拒絕任何一種食物都無可厚非。我們可以拒絕一兩種，甚至更多，但是，任何一種食物都有可能出現這樣的問題——每拒絕一種本來喜歡的食物，就為生活增加一些不便。從社會學的角度來看，該如何來對待這樣的事故呢？

　　FDA 有一個副作用報告系統，用來記錄收到的副作用報告。如果一種成分作為食品添加劑加到普通食品中，那麼它必須經過 FDA 批准才能使用。與這樣的食品相關的副作用不用報告。如果它是作為膳食補充劑的有效成分，則不需要經過 FDA 的批准。FDA 只有在有證據表明它不安全的情況下，才可以禁止其使用。但如果有嚴重的副作用，那麼商家就必須在 15 天之內向 FDA 報告。

　　不過，不管是食品還是膳食補充劑，FDA 都鼓勵消費者以及醫護人員報告副作用事故。FDA 明確指出，它將嚴肅對待這些報告，但報告本身不表明副作用一定是由報告者懷疑的原因導致的。這些報告更多是作為一種綫索，供 FDA 探究這些產品的安全性。

　　能量飲料是相對較新的飲品，其主要活性成分是咖啡因、牛磺酸以及葡萄糖和丙酸內酯等。最有名的能量飲料是紅牛，在全球幾十個國家銷售。在美國，它是作為常規飲品銷售的，所以與它相關的副作用案例都是自願報告。2004-2012 年，副作用報告系統數據庫中關於紅牛的副作用記錄有 20 多條，多數是噁心、嘔吐、心率異常等。

紅牛的副作用在歐洲的「表現」比較嚇人。1991年，瑞典爆出3宗跟紅牛有關的死亡事件，其中兩人死前喝過紅牛與酒精混合的飲料，而另一人則是在劇烈運動過程中喝了紅牛。1999年，一個18歲的男孩死在籃球場上，他在賽前喝過3罐紅牛。雖然調查結果無法確認這些死亡是否由紅牛導致，但這些事故引起了食品安全部門的擔心，法國、丹麥、挪威等歐洲國家甚至曾多年禁售紅牛。歐盟委員會認為這些禁令不合理，直到幾年前這些國家才取消了禁令。

　　美國還有一種著名的能量飲料叫作「5小時能量」，是作為膳食補充劑銷售的，其活性成分跟紅牛一樣，只是含量不同。在副作用報告系統數據庫中，它的副作用報告更多，2004-2012年，共有90多起事件，甚至包含10多宗死亡事件，典型症狀包括驚厥、暈眩、心血管異常等。

　　不管是作為常規飲品還是膳食補充劑，能量飲料中的那些成分都沒有安全問題。牛磺酸和葡萄糖、丙酸內酯是人體內本來存在的物質，歐洲食品安全局等機構做過評估，認為它們在能量飲料中的含量不會產生安全問題。而其他的成分，如維他命、糖等，更是常規的食品成分。到底是甚麼導致了那些副作用報告？能量飲料是不是無辜的？現在還是未解之謎。所以，FDA只是整理公佈了這些副作用記錄，卻無法給出安全還是有害的結論，它只能提醒公眾：這些產品雖然可以刺激你清醒，但無法代替休息與睡眠！

反思：那些事故與著名的官司

當哈密瓜引起細菌感染

如果一種農產品能讓 100 多人感染細菌，導致幾十人死亡，那麼民眾會不會出現恐慌？想想子虛烏有的膨大劑傳聞讓大量西瓜爛在地裏，完全正常的催熟香蕉使得蕉農欲哭無淚，還有時不時來一遍的橙生蟲恐慌，致人死亡的農產品很難賣出去是肯定了的吧？

2011 年，美國的哈密瓜就出了這樣的事。根據 CDC 發佈的公報，一批含有李斯特菌的哈密瓜已經造成 146 人感染，其中 30 人死亡，還有一人因為併發症而流產。

不過，民眾情緒依然穩定，媒體反應也比較平淡，基本上只是轉發 CDC 和 FDA 的公報。美國社會是如何形成這樣的局面的呢？

CDC 跟蹤記錄各種細菌感染病例，發現從 8 月 15 日開始，短期之內出現了 15 則李斯特菌感染，感染者出現在科羅拉多州等 4 個州。這樣集中出現的病例被認為是集中暴發，CDC 會同 FDA 以及地方衛生部門開始了調查。李斯特菌的感染途徑一般是肉製品以及生乳酪，通過農產品感染李斯特菌的情形極為罕見。不過，通過對感染者生活經歷的調查發現，科羅拉多州洛克福德地區出產的哈密瓜有重大嫌疑。緊接着，科羅拉多州的公共衛生部門從食品店裏的哈密瓜和感染者家中都檢測到了同種李斯特菌。這差不多算是確鑿證據了。

9 月 12 日，CDC 發佈了第一份公報。除了介紹所掌握的情況，它還介紹了李斯特菌感染的臨床症狀，以及對消費者的建議：「注意哈密瓜的產地，對於來自洛克福德地區的，要按照正確的方式丟棄」，而不是不要吃哈密瓜。

此後，CDC 分別在 9 月 13 日、14 日、19 日、21 日、27 日和 30 日發佈公告通報進展。而 FDA 則在 14 日發佈通知，說明洛克福德一家叫 Jensen 的農場已經宣佈召回它售出的哈密瓜。CDC 和 FDA 建議消費者不要吃的哈密瓜的來源也從那一地區縮小到了該農場。其他瓜農總算是被還以清白。

另外，FDA 一直監督該農場的召回工作。通過審查農場的發貨記錄，FDA 確認所有的一級經銷商都收到了召回通知。而二級、三級經銷商在被排除之前，召回工作仍會繼續。

FDA 同時還發佈了另一條重要資訊：未發現其他農場的哈密瓜與這種感染有關。

100 多人感染、30 多人死亡，在現代社會可以算是嚴重事故了。但它沒有造成社會恐慌或者哈密瓜農的崩潰，與主管部門及時處理以及資訊公開不無關係。當有 10 多個感染病例在不同地方出現的時候，要確定感染源並不容易，尤其當農產品是該細菌感染源的情形極為罕見時。確定嫌疑對象之後，通過細菌檢測快速確認也就順理成章了。此後，主管部門一直及時發佈資訊。當公眾和媒體有了及時、可靠的資訊來源時，小道消息也就沒有多大的生存空間了。

食品安全事故的緊急處理是難度非常高的工作，尤其是在事故發生的初期，確定事故原因是高度專業的事情。在確定原因之後，如何監控進展、減少損失，需要高度的執行力。2011 年 9 月 14 日，FDA 宣佈建立一個新機構來處理此類事故，它的核心職責是保證事故發生後可以快速高效地做出反應。

嬰兒與奶粉事件

2011 年 12 月 18 日，密蘇里州一名出生 10 天的嬰兒因感染克羅諾桿菌而夭折。這種細菌存在於自然環境中，家裏和醫院都有可能見到它的蹤跡。感染克羅諾桿菌非常罕見，通常 CDC 一年才會收到幾起病例報告。一旦新生嬰兒發生該細菌的感染，後果就會很嚴重，死亡率相當高。

這名嬰兒之前喝過某品牌的配方奶粉。銷售商沃爾瑪得知這起事故之後立即封存了分店內該批次奶粉，並在第二天通知全美 3,000 多家分店下架封存同一批次奶粉，對於消費者手中的奶粉，無條件退款或者換貨。不過，沃爾瑪也明確表態：這一舉動只是出於謹慎，並不認定奶粉存在問題。至於真相，沃爾瑪也在等待主管部門的調查結果。

12 月 22 日，新聞媒體廣泛報道了沃爾瑪的舉動。媒體態度基本客觀，並沒有對事故原因進行輕易判斷，也沒有譴責廠家的「黑心」，只是跟沃爾瑪一樣等待主管部門的調查結果。

雖然如此，該奶粉公司的股價還是下跌了 10%。但公司並沒有氣急敗壞，只是表示它的產品在出廠前是檢測合格的。此外，公眾情緒也很穩定，大家都在等待主管部門的結論。

12 月 30 日，CDC 和 FDA 發佈報告，公佈了調查進展。主要內容包括：第一，那段時間 CDC 還收到了另外三起克羅諾桿菌感染病例的報告，並對其中兩起病例中的細菌進行 DNA（脫氧核糖核酸）檢測，發現兩起病例中的細菌基因序列不同，說明它們來自不同源頭。第二，在死亡嬰兒的開罐奶粉、沖泡奶粉的水，以及配好但尚未喝完的奶粉中，CDC 都發現了克羅諾桿菌的存在。第三，FDA 檢測了與死亡嬰兒所用的同一批次但未開封的奶粉以及水，沒有發現克羅諾桿菌的存在。第四，FDA 還檢測了奶粉和水的生產設施，也沒有發現該細菌的存在。

根據這些結果，CDC 和 FDA 認為沒有證據顯示奶粉和水在生產和運輸分銷過程中遭受污染。所以，企業是無辜的，消費者可以繼續食用該批次的

奶粉和水。

　　CDC 和 FDA 都表示將會繼續調查各起病例的感染源。不過對於公眾來說，這些資訊已經提供了足夠的「真相」，人們更關心的是自己應該怎麼辦。這份報告也提供了一些可操作的建議：第一，嬰兒感染克羅諾桿菌的症狀是發燒、食慾不振、啼哭和吵鬧。如果沒有出現這些症狀，那麼消費者就不用擔心；如果出現這些症狀，那麼消費者須求醫，通過醫學診斷來確認是否感染了克羅諾桿菌。第二，CDC 強烈推薦母乳餵養。第三，如果不得不配方奶粉餵養，可按報告提供的安全操作配方奶粉指南操作：每次配奶粉之前用肥皂洗手；奶瓶等各種接觸配方奶的器皿都要用清洗劑和熱水洗滌；需要餵的時候才配奶粉，配好立即餵，沒有餵完的就扔掉；按奶粉包裝上的要求操作等。

　　至此，這一死亡事件算是塵埃落定。不管是生產商、經銷商還是消費者，都恢復了事故之前的平靜。

反思：那些事故與著名的官司

雙酚 A 是如何退出食品容器的？

雙酚 A 是一種化工原料，是合成聚碳酸酯和環氧樹脂等材料的助劑。聚碳酸酯是一種透明塑膠，硬度很高，用來製作嬰兒奶瓶具有很大的優勢——因為透明，所以能夠清楚地看到瓶中還有多少奶；而作為塑膠，又不像玻璃那樣打碎後容易傷到人。而環氧樹脂則常用於金屬容器的內壁上，避免食物跟金屬直接接觸。

不過，塑膠畢竟是「化工產品」，要想用於盛裝食物，必須要考慮其安全性。環氧樹脂和聚碳酸酯作為食物容器，跟食物直接接觸時，我們也須考慮它們在盛裝食物的時候可能滲出的物質，比如雙酚 A 等，是否可能達到危害健康的水準。一方面，要考慮在極端的條件下能夠滲出多少；另一方面，要考慮滲出的物質本身的安全性，也就是在多少劑量下會危害人體健康。

所謂「極端條件下滲出多少」，是指在高溫或者酸性等「更容易滲出」的條件下接觸很長的時間，測算滲出來的量。而現實生活中的使用方式不會如此「極端」，滲出物質就會少得多，因此就更為安全。

所謂「物質本身的安全性」，是用不同的劑量來餵養動物一段時間（相當於人的若干年），找出動物不出現任何不良反應的最大劑量，然後把這個劑量除以一個安全係數（通常是 100，有時候還會更大），作為「安全攝入量」。把這個「安全攝入量」跟人們可能攝入的量進行對比，如果前者遠遠大於後者，那麼就認為它是安全的。雙酚 A 通過了這樣的考驗，獲得了「上崗證」才被用於食品容器的生產中。

但是，這種安全評估的流程並不包括「劑量雖然遠低於安全劑量，但是持續接觸時間遠遠比試驗中的餵養時間更長」的情形。一般而言，通過了前面的安全評估的物質，在這種情形下也不會危害健康。但是雙酚 A 卻有可能是例外。在被批准使用幾十年之後，有研究發現：長期低劑量地接觸雙酚 A 的動物，有一些生理指標發生了變化，而這種變化通常與「不好的健康狀態」

廿一世紀吃的真相 — 食物安全真與假

有關。於是，有人提出，接觸食品的雙酚 A 可能給人類帶來健康風險。

更重要的是，雙酚 A 具有一定的雌激素活性，更讓人們擔心它可能導致嬰幼兒性早熟。於是，出於「安全優先」的謹慎原則，2010 年 9 月和 2011 年 3 月，加拿大和歐盟先後禁止了銷售含有雙酚 A 的奶瓶。

美國公眾也很關注雙酚 A 的問題。不過 FDA 的思路跟歐盟和加拿大有所不同。他們先是組織專家對雙酚 A 的安全性再次進行審查，結論是「沒有直接證據表明雙酚 A 會對嬰幼兒的健康造成損害」，但「潛在風險不容忽視」。

不過，FDA 並沒有禁止它的使用，只是認為有必要對其安全性進行深入研究。在有進一步的結論之前，支持廠家生產「無雙酚 A」的奶瓶與杯子，協助開發奶粉罐以及其他食品容器中替代含有雙酚 A 的材料，等等。

開始只有年輕的父母們關心這件事，但後來「購物小票含有雙酚 A，接觸會致癌」的傳聞則引起了更多關注，一時間購物小票讓許多人避之不及。

2014 年 7 月，FDA 發佈了「進一步研究」的結果，明確「目前食品中可能存在的雙酚 A 劑量是安全的」。

雖然 FDA 確認了雙酚 A 的安全性，但美國的工業界已經逐漸放棄了在嬰兒奶瓶、水杯和奶粉罐中使用雙酚 A。之後，FDA 也規定在這些產品中不再使用雙酚 A。不過他們也明確指出：這一修訂不是基於安全性考慮，而是為了反映「已經沒有必要使用，而且工業界已經放棄使用雙酚 A」的事實。

反思：那些事故與著名的官司

色氨酸懸案

　　1989 年 9 月，一位 44 歲的美國婦女出現了浮腫、臉紅、腹痛、黏膜潰瘍、肌肉痛及乏力等症狀。醫院檢驗發現，她的白血球含量達到了每毫升11,900 個，其中有 42% 是嗜酸性粒細胞。在正常情況下，白血球含量為每毫升 4,500~10,000 個，而嗜酸性粒細胞不應該超過 350 個。到了 10 月，她的症狀進一步惡化，白血球含量達到了每毫升 18,200 個，而其中 45% 是嗜酸性粒細胞。

　　她的醫生束手無策，於是去諮詢一位風濕病專家。那位專家發現了另一個類似病例，但也沒有甚麼頭緒。10 月中旬，出現了第三個病例。這三個病人的症狀都是嗜酸性粒細胞急劇增加，並伴有腹痛、黏膜潰瘍、乏力等。並且，這三個病人都服用了色氨酸。

　　色氨酸是人體必需的一種氨基酸，普通人每天會通過蛋白質攝入幾克。而純品的色氨酸，在市場上作為一種幫助睡眠的膳食補充劑被銷售。因為它在常規飲食中普遍存在，所以從沒有人懷疑它的安全性。

　　這三名病人都在服用色氨酸，所以色氨酸就是罪魁禍首嗎？還是說這僅僅是一種巧合？

　　醫生不知道，科學家也不知道。從科學邏輯的角度來說，不能就這三個人都服用過色氨酸做出任何結論；但是，事關人命，人們必須基於這一極為有限的證據做出公共衛生決策。11 月 7 日，一家雜誌報道了這些奇怪的病例。11 日，FDA 發佈公告，反對使用色氨酸。隨即，CDC 把這些症狀命名為「嗜酸性粒細胞增多 — 肌痛綜合症」（以下簡稱 EMS），並開始在全國範圍內展開調查。17 日，FDA 下令召回每日服用劑量在 100 毫克以上的色氨酸製品。1990 年 3 月下旬，出現了一個每日服用劑量低於 100 毫克的病例。FDA 接着把召回範圍擴大到所有含色氨酸的製品，只有特別批准的用途例外。而 CDC 收到了 1,500 多則病例的報告，死亡 38 人，推測實際的受害人數量要遠遠大於這個數字。

顯然，FDA 禁止色氨酸並沒有充分的證據支持。如果這一決定是正確的，那麼可能不會有人抗議程式不公。在健康領域的公共決策上，從來是「寧可錯殺一千，不可放過一個」。但如果色氨酸是無辜的，那麼讓色氨酸做替罪羊也絲毫不能保護公眾。禁用色氨酸只是一個權宜之計，因此找出幕後真凶刻不容緩。於是，關於 EMS 的病因研究一時間成了熱門。

　　很快有兩篇「病例 — 對照」研究論文發表。論文研究收集了一些 EMS 病例，同時找了一些在其他方面與病例情況相似但沒有得 EMS 的病人做對照。研究人員比較病人的生活方式，發現他們中多數服用過色氨酸，而對照病例中則很少。於是，研究人員得出結論，在 EMS 事件中，色氨酸脫不了關係。

　　不過，色氨酸畢竟是人體需要且從食物中大量攝取的氨基酸，如果要給它定罪，那麼這兩項調查研究還不夠有說服力。更讓人關注的是，所有 EMS 病人服用的色氨酸都是由同一家公司生產的，而當時共有 6 家公司生產這種產品。人們很容易就能想到不是色氨酸導致了 EMS，而是其中的雜質在作祟。

　　在 EMS 爆發之前，那家公司換了一個菌株來生產色氨酸。因為這個菌株經過基因工程改造，所以一直有反基因改造人士用它來證明基因改造的危害。然而在此之前，那家公司採用的菌株也是經過基因工程改造的。也就是說，拿這個例子來說明基因改造技術的危害，完全是斷章取義。

　　於是，許多研究者開始比較那些導致 EMS 的色氨酸產品和其他正常色氨酸產品的異同。在現代分離和分析技術的火眼金睛下，研究人員確實發現了致病的那些色氨酸產品中含有某些正常色氨酸產品中沒有的雜質。在 1990 年的《科學》雜誌上，一篇論文記錄了這樣的發現。

　　要確認是那些雜質在作祟，還需要證明那些雜質本身能夠導致 EMS 症狀。受到倫理的限制，不能拿人來做實驗。後來，學界發表了一些論文，宣稱把這些雜質用在動物身上重現了 EMS 的某些症狀。

一切似乎水落石出，可以定案了，也確實有許多人接受了 EMS 的「雜質致病說」。歐洲生物技術聯盟在 2000 年發表的一份公報就持這種觀點。支援這一結論和決策的還有一個證據：在 1989 年那一次 EMS 暴發之後，確實沒有再出現過 EMS 病人。在修正了色氨酸的生產流程之後，色氨酸也被解禁了。

　　不過，也有科學家對這個結論不以為然。在 20 世紀 90 年代的一些文獻中，有學者指出：當初的那兩項「病例 — 對照」研究很不嚴謹，有很多缺陷，並不能得出服用色氨酸導致 EMS 的結論。另外，關於雜質的研究採用的是「先定罪，再求證」的思路，後來的動物實驗中因雜質而出現 EMS 症狀的研究也有設計上的缺陷。然而到底 EMS 的病因是甚麼，依然是霧裏看花。

　　另一些研究則發現，過多攝入色氨酸會產生多種代謝產物，而這些代謝產物中有些會抑制組胺的分解，最終導致出現 EMS 症狀。此外，還有研究發現，EMS 病人和正常人在體質方面也存在差異。

　　迄今為止，EMS 的罪魁禍首仍沒有被繩之以法，而色氨酸被無罪釋放。由於在修正了色氨酸的生產流程後，沒有 EMS 病例再度出現，這一懸案也就不了了之了。

「美酒加咖啡」被亮紅牌

對於 20 世紀 70 年代出生的人來說，鄧麗君大概是一個永恆的傳說。她的許多歌曲都曾經風靡大街小巷，比如《美酒加咖啡》：「美酒加咖啡，我只要喝一杯。想起了過去，又喝了第二杯。明知道愛情像流水，管他去愛誰。我要美酒加咖啡，一杯再一杯。我並沒有醉……」

不管是鄧麗君還是這首歌的作詞者，大概都不會想到這首歌居然描述了一個科學事實：當把酒和咖啡放在一起喝的時候，飲用者不知不覺就會喝了「一杯又一杯」，卻還是感覺「我並沒有醉」。在這首歌流行多年後，CDC 和 FDA 對「美酒加咖啡」的喝法亮出了紅牌。

在美國，飲酒一直是一個重要的社會問題。據 CDC 統計，每年因為飲酒致死的事件接近 8 萬則。而在年輕人中，把運動飲料與酒精飲料混合飲用是一種時髦。運動飲料中含有咖啡因、糖以及其他成分。2009 年佛羅里達大學發表的一項調查發現，與只喝酒的人相比，把運動飲料與酒精飲料混著喝的人，其醉酒的概率是前者的 3 倍，酒後駕車的概率是前者的 4 倍。2006 年，在北卡羅來納州 10 所大學進行的一次網絡調查中，調查人員隨機抽取了 4,000 多個樣本。統計發現，在運動飲料與酒精飲料混著喝的人中，每週處於醉酒狀態的時間差不多是單純喝酒的人的 2 倍，酒精導致的不良後果也更多，比如性騷擾、酒精中毒等。

為甚麼咖啡因更容易讓人喝醉呢？FDA 和 CDC 給出的解釋是：人們在喝酒的時候，會根據一些主觀感受來判斷自己已經喝下的量。但是咖啡因會「遮罩」這種感知能力，所以喝酒者會不知不覺喝下「一杯又一杯」。但是，咖啡因無法幫助體內酒精代謝，所以它只會欺騙你喝下更多，而不幫助解決喝下之後產生的問題。2006 年《酒精中毒：臨床與實驗研究》上發表的一項研究支持了這一理論：在喝下等量的酒之後，同時喝運動飲料的人在頭痛、虛弱、口乾以及運動能力失調這些「醉酒徵兆」方面的症狀要明顯輕於單純喝酒的人。但是，同時喝運動飲料卻沒有增強身體的反應靈敏性。

除了混着喝這種時髦的喝法，還有許多廠家生產含有咖啡因的酒精飲料。這種簡稱為 CAB 的飲料通常含有 5%~12% 的酒精，以及一定量的咖啡因。一般而言，廠家不會標注咖啡因的含量。這種飲料在投入市場後，獲得了巨大成功，尤其受年輕人的追捧。2002-2008 年，市場佔有率前兩名的這種飲料品牌的銷售量增長了 67 倍，達到了 8,000 萬升。目前，市場上大約有 30 個廠家生產此類飲品。

基於 CDC 公告中提到的原因，FDA 認為有必要基於科學對 CAB 飲料的安全性進行嚴格審查。2010 年 11 月 13 日，FDA 向生產這類飲料的公司發出公開信，說將會對這類產品的安全性和合法性進行考查。

從我們的習慣思維來說，酒精是「傳統」食品，而咖啡因是一種「植物精華」，再加上深受大眾歡迎（據 FDA 調查證明，多達 26% 的大學生會喝酒精加咖啡因的飲料），CDC 的報告大概會受到公眾的質疑。不過，根據美國食品藥品的相關法律，如果一種故意加到食品中的物質沒有獲得 FDA 特別許可，或者沒有獲得 GRAS 認證，那麼它就會被當作非法添加物。現在 FDA 對一種物質的 GRAS 認證採取備案制度，即生產商自己組織專家，提供充分證據證明該物質在所使用的條件下是安全的。在審查之後，FDA 對於這些證據沒有異議才會認可生產商的結論。但是，FDA 只批准了在不含酒精的飲料中咖啡因的含量可以不超過萬分之二，而沒有批准過把咖啡因加到酒精飲料中。另外，沒有任何 CAB 飲料生產商提出過 GRAS 申請；所以，CAB 飲料就處於一種非法和不安全的境地。

4 天之後，4 家生產 CAB 飲料的公司成為出頭鳥。FDA 向它們發出了警告信，正式指出它們加入酒精飲料中的咖啡因是不安全的食品添加劑，要求它們在 15 日之內報告處理措施，否則將通過法律手段讓它們停止銷售。

薩琪瑪裏可以加硼砂嗎？

媒體時不時爆出不法商販在食品中添加硼砂的新聞，比如中國央視就曾經報道過薩琪瑪中使用硼砂的黑幕。其實，在東南亞國家和中國的一些地區，把硼砂添加到食物中有着相當久遠的歷史。有位美國人曾經在網上發聲，說他的太太（來自台灣）在做米粉的時候會加入一些奇怪的原料，比如硼砂。他想知道硼砂究竟是甚麼東西，會不會有害健康。

其實，包括中國在內的多數國家和地區，都不允許硼砂被用於食品中。儘管它的使用不是現代食品工業帶來的結果，但是按照現行的法律，它是地地道道的非法添加物。

硼砂是一種很有用的化工原料，在陶瓷、玻璃製造中起到很重要的作用。不過，跟許多人想當然的認知不同，它並不是化學合成物，而是真正的天然產物。就來源而言，它跟海鹽、蓬灰、滷水這樣的「草莽英雄」差不多。

硼砂的化學組成是四硼酸鈉。它具有殺菌的作用，在洗滌用品、化妝品中有相當廣泛的應用。在醫學領域，它也經常被用來消毒。既然可以滅菌，那麼用在食品中就可起到防腐作用。不過，它之所以被用到食品中，主要是因為在水中呈現弱鹼性。就跟拉麵使用的蓬灰或者做饅頭用的麵鹼一樣，弱鹼性使得麵糰更加韌性，從而讓口感更好。其實，在食品添加劑引起人們的關注之前，世界上許多地區都把硼砂加到食物中。比如中國和印尼就有把它加到拉麵或者肉丸中的做法。在伊朗，硼砂甚至是魚子醬的傳統原料之一。

就像其他食品成分一樣，「一直在用」、「用的人多」並不意味着它就沒有安全問題。只是它的危害沒那麼明顯，人們沒有注意到而已。最早懷疑硼砂有問題的大概是 FDA 之父哈維 · 威利。20 世紀初，他組織了一些勇敢的志願者，像神農嘗百草一樣，通過吃的方式來檢驗當時使用廣泛的一些食品添加物是否會危害健康。他們檢驗的物質中就有硼砂，而硼砂被檢驗出會危害健康。如果在今天，這種檢驗方式不大可能通過倫理委員會的審批。然而在那個時代，正是這些被倫理質疑的試驗，催生了美國食品和藥品管理的革命性變革。

美國很早就禁止將硼砂添加到食品中。因此，伊朗的魚子醬因為含有違禁添加物，而無法登陸美國。美國的魚子醬使用大量的鹽來防腐，在味道和口感上，不如伊朗的魚子醬。不過，魚子醬不是經常吃的食物，人們通常也不會吃很多，其中的硼砂含量也不大，所以美國也有人主張對它網開一面。

所有的毒性都是由劑量決定的，硼砂的中毒劑量有多少呢？從動物實驗的結果來看，大鼠的半數致死量是每公斤體重 2.66 克，而食鹽的致死量也不過是每公斤體重 3 克。也就是說，要想用硼砂毒死老鼠，需要的量還是很大的。不過，食物畢竟不是吃不死人就算安全，人們更關心的是多少劑量對健康沒有危害。這方面的數據不是很多，歐洲食品安全局在 2004 年發表了一份專家意見，認為如果每天每公斤體重攝入的硼在 0.16 毫克以下，就不會對健康有任何不利影響。這大概相當於一個成年人每天吃下 10 毫克的硼，對應硼砂大致是 0.1 克。

當然，這個量是考慮了安全系數的。只要不超過這個量，基本上對所有人而言都是安全的；而超過了這個量，可能會對一些體質敏感的人造成傷害；如果攝入更多的量，可能會引起嘔吐、腹痛、腹瀉等；長期大量攝入的話，則可能影響生殖發育。

需要注意的是，硼酸鹽在自然界是廣泛存在的——上述 0.1 克的硼砂包括從食物、飲水等所有途徑攝入的量。歐洲食品安全局的評估結果是，歐洲人每天攝入量遠遠低於 10 毫克。所以，硼砂甚至被允許作為食品添加劑來使用。在歐洲，編號為 E285 的食品添加劑就是硼砂。

如果想在麵食、肉丸中使用硼砂以起到改善口感及防腐的作用，就需要相當大的用量。即使不考慮其他食物中難以避免的天然含量，光是添加的量，就很容易超過安全劑量。比如新聞曝光的非法薩琪瑪，其硼砂含量高達每公斤 4.6 克。這樣的薩琪瑪，一個成年人只要吃 20 克，硼砂攝入量就達到了安全上限。而一個體重 30 公斤的孩子，則只需要 10 克。所以，世界衛生組織和聯合國糧食及農業組織的國際食品添加劑專家委員會做出的正式決定是，硼砂不適合作為食品添加劑使用。在中國，雖然硼砂有悠久的使用歷史，也沒有人吃出病來，但還是被禁止使用了。對於食品安全來說，這是一個很合理的規定。

食品色素，
在民意與科學之間

　　用色素來改變食品的顏色並不是現代食品工業的發明。在中國，早就有用蔬菜汁給雞蛋羹染色的做法。不過，合成色素的應用，確實是現代食品工業發展的結果。跟其他現代食品工業的技術和成分一樣，合成食品色素自從誕生那天就面臨爭議。

　　許多人認為食品色素僅僅會改變顏色，只有悅目的作用，而事實並非如此——食物的顏色，也會改變人們的味覺體驗。在現代食品技術中，有一個領域專門研究食物的各種性質如何影響人們對食物的感受。成分和加工過程完全相同的食物，僅僅是顏色不同就會造成人們對它的評價顯著不同。此外，現代社會追求商品的標準化。對於食品來說，原料的不同會導致成品的顏色略有不同。如果是家庭自製或者餐館現做的食品，那麼這樣的不同不會有大問題。但在加工食品中，就讓人難以接受——同種食物昨天買的跟今天買的肉眼就能看出不同，多數消費者難免會懷疑產品的質量。

　　因此，用食品色素增加食物的吸引力、實現食品的標準化成了常規操作。在大規模工業生產中，用蔬菜汁來染色那樣的傳統智慧難當重任，即使是提純的天然色素用起來也困難重重。首先，天然色素提純成本高，自然也價格不菲。其次，天然色素的色澤往往不夠穩定，在食品的加工和保存過程中容易褪色。

　　在成本和穩定性上，合成色素具有巨大的優勢。但是跟任何非天然的食品成分一樣，這些東西在安全性上會受到更多的關注。在美國，對合成色素的管理比其他食品添加劑要更加嚴格。目前，美國只有 9 種合成色素可以用在食品中，其中一種只能用在水果皮上。好在不同的顏色可以通過幾種基本的顏色調和出來，所以這幾種色素也就夠用了。這些色素的安全標準的確定是通過餵給動物不同的量，找出不發生任何異常的最大劑量，然後把這個劑量的 1% 作為人體的安全攝入量。人們根據這個安全上限以及每天可能攝入某種食物的最大量，最後確定該種食物中允許使用的色素的最大量。

反思：那些事故與著名的官司

一般而言，這樣制定安全標準還是相當謹慎的。但是人跟動物畢竟不同，不確定性依然存在。20 世紀 70 年代，一位兒科醫生宣稱兒童的行為與食品色素的攝入有關。FDA 審查了當時的科學文獻，認為合成色素可能對某些兒童造成不良影響，但是缺乏充分證據，FDA 還需要更多的研究才能對合成色素的使用做出進一步決定。

　　此後，關於合成色素導致兒童多動症的說法甚囂塵上，美國學術界和管理部門也做過一些審查，結論依然是沒有充分的證據支持這一說法。2007年，英國南安普敦大學發表了一項隨機雙盲對照研究，分別找了 100 多個 3歲和 8~9 歲的兒童，在 6 周的時間內給他們喝 3 種飲料，其中兩種含有苯甲酸鈉和 4 種合成色素，其他成分相同。通過觀察這些兒童在喝不同飲料期間的表現，研究人員給出一個衡量注意力與多動狀況的評分。最後統計發現，這些合成色素與苯甲酸鈉的組合在一些情況下會導致兒童注意力下降及多動。這項研究發表在世界醫學領域非常有影響力的《柳葉刀》雜誌上，引起巨大關注。

　　2008 年 3 月，歐洲食品安全局發表了對這項研究的審查結論。它認為這項研究只提供了非常有限的證據，只能說明這些添加劑對於兒童的活動與注意力有微弱影響。然而，研究並未說明這一微弱的影響有甚麼實際意義，比如，注意力和活動方面的微小改變是否會影響兒童的學校活動或者智力發育。此外，兩種添加劑的組合在兩個年齡組的兒童中，試驗結果並不一致。同時，歐洲食品安全局還指出了這項研究的一些缺陷，最後的結論是這項研究只能說明某些兒童對包括合成色素在內的食品添加劑比較敏感，但並不能將這一結論推及所有兒童，也不能將原因歸結為某一種色素。因此，它認為這項研究不能成為改變這些合成色素和苯甲酸鈉安全標準的理由。

　　歐洲食品安全局還是於 2009 年調低了南安普敦研究涉及的 6 種色素中3 種色素的安全上限。不過，它特別指出，這一行為與該項研究的結論無關。2010 年 7 月，歐洲食品安全局要求，含有那 6 種色素的任何一種食品都要在包裝上加上一條警告資訊——該食品可能會對兒童的活動與注意力有不良影響。

　　2008 年，美國消費者權益組織（CSPI）提請 FDA 禁用能加到食品中的那 6 種合成色素。美國消費者權益組織同時提請在 FDA 做出最後的禁用決

定之前，要求生產商加上類似歐洲的那條警告。FDA 拒絕了這一要求，申明按照美國的現行法律，FDA 無權僅僅因為消費者的民意來做決策。FDA 認為，禁用或者標注警告資訊，必須建立在科學證據的基礎上。此外，美國還向世界貿易組織表達了對歐盟要求標注警告資訊的關切，認為歐盟的要求並非基於充分的科學證據。

可以說，在如何管理合成食品色素的問題上，科學證據和消費者的要求之間發生了衝突。在歐洲，消費者的民意佔了上風；而在美國，主管部門認為科學證據比民意更重要。

有意思的是，美國只要求注明所使用的合成色素，不要求警告標注，但是南安普敦研究使用的 6 種色素中，有 3 種在美國沒有獲得使用許可；而歐盟雖然要求標注警告資訊，但是這 6 種色素均被允許使用。

實際上，關於合成色素的安全性，色素中含有的雜質可能比色素本身更加重要。在美國，色素的安全審批是按批次進行的。生產商每生產一批產品，都要把樣品送去檢測，合格了才能夠被 FDA 批准銷售。而 FDA 的批准是針對這一批次產品的，不是合成色素，更不是色素本身。

美國對人們的合成色素攝入量進行過評估，結論是美國人平均攝入量遠遠低於安全上限，即使攝入量達到全民平均值的 10 倍，仍遠遠低於安全上限。中國人食用加工食品的量大大少於美國，因此攝入量超標的可能性也比較小。當然，中國色素的生產是否嚴格遵守了生產規範，產品是否合格，是更值得關注的問題。

相較於成人，兒童需要更高的安全係數，因此對於兒童食品，我們應採取更加保守、更加謹慎的態度。培養兒童養成良好的飲食習慣及享受「本色食品」，減少兒童對加工食品的依賴，尤其是抵禦各種零食的誘惑，是父母們應該努力的方向。

反思：那些事故與著名的官司

松香拔毛，危害很大

松香是一種常見的工業原料，許多人注意到它大概是因為「松香拔毛」的新聞——傳聞松香拔毛危害很大，因此被明令禁止。

雞、鴨、豬頭、豬腳等肉上有許多絨毛，去除很麻煩。如果有一種東西可以塗在它們上面再撕掉，就可以把絨毛去除乾淨，那麼無疑會大大降低勞動強度。這樣一種東西，可以稱為「拔毛劑」。瀝青就是其中的一種。把雞、鴨或者豬頭、豬腳放進融化的瀝青中，拿出來後，瀝青會冷卻變成固體，把瀝青撕下來的時候，動物身上的絨毛就能被去除乾淨。不過，瀝青是一種工業材料，成分複雜，其中不乏有害物質。附着在肉皮上的時候，隨着皮上的毛孔擴張，瀝青中的有害物質就可能被吸附到肉裏了。

作用再強大，如果有安全隱患，也只能忍痛割愛。所以，瀝青拔毛早就被明令禁止。而能起到類似作用的松香，走進了人們的視野。

常用的松香有兩種。一種是脂松香——採集松樹皮上分泌出來的松脂，然後對其進行提煉和加工。在中國，脂松香在松香中佔了多數。還有一種是木松香——把老松樹的樹樁砍成碎片，用溶劑萃取松脂，再進行分離、精煉。在美國，木松香佔的比例更大。

松香是來自松樹的天然產物，其主要成分是各種有機酸。在經過精煉的松香中，有機酸的含量能夠佔到 90%，剩下的 10% 是中性成分，包括許多有機酸發生酯化反應後的產物。在中國傳統醫學中，松香也被當作藥材使用。天然產物加上傳統中藥的「身份」，足以讓很多人相信松香拔毛沒有甚麼問題。然而松香是組成複雜的混合物，其中同樣含有有害成分，比如鉛等重金屬。此外，其成分複雜而不可控，用於拔毛時要反復加熱、重複使用，其間是否會生成有害物質也不得而知。與瀝青相比，松香拔毛的安全性也只是五十步笑百步而已。

所以松香也被禁用於拔毛。實際上，松香的危害並非媒體所説的那樣。真實的情況是目前我們對於松香會造成甚麼具體的危害尚不清楚。但在食品

領域，不清楚、沒有安全性數據，已足以成為禁用的原因。

提純後的松香與食用甘油發生反應，可以得到松香甘油酯。通常情況下，油比水輕，且不與水混溶，所以油進入水以後就會出現油水分層。而松香甘油酯比水重，可以和油混合，混合物的密度更加接近水，因而不易與水發生分層。此外，松香甘油酯還可以起到乳化劑的作用，因此它在飲料中頗有用武之地，比如能夠讓柑橘精油在飲料中保持穩定。

有了用途，也就有了研究它安全性的動力。國外做過不少主要針對木松香甘油酯的研究。首先，它的化學組成已被確認，不含已知有毒有害的成分。其次，在動物身上進行的毒性實驗發現，它在動物體內幾乎不累積、不分解，在相當大的食用劑量下，動物也沒有出現不良反應。在確定了人類安全上限後，國際食品添加劑專家委員會、美國、歐盟都批准它作為食品添加劑使用，安全攝入量上限是每天每公斤體重 25 毫克。除了前面說的用途外，松香甘油酯還作為增塑劑用於口香糖中，作為助劑用於食品加工過程中。

脂松香的獲取不會破壞松樹，而木松香是從死掉的松樹中提取的。相對來說，脂松香更可持續一些。在美國，一家飲料生產商認為脂松香甘油酯和木松香甘油酯的化學組成是等同的，可申請用脂松香甘油酯來代替木松香甘油酯。2002 年，這家公司提交了一份申請，但是 FDA 在年底的答覆認為所提交的證據不足以證明它們成分等同，所以沒有批准。

然而該公司沒有氣餒，補充了證據再次申請。FDA 在 2003 年公佈了這份申請，接受質疑。有質疑認為脂松香甘油酯和木松香甘油酯在原料來源、生產工藝上相差較大，產品成分的分析也存在一定差異。而且，該分析方法顯示相似並不意味着等同，也有可能是不能分辨出差異。2005 年，FDA 做出了最後裁決，認為這種質疑不成立。比如，兩種松香甘油酯的組成相似，不同的方面並不足以帶來安全性的擔心；而松香的組成與產地和松樹的生長狀況有關，本身也有一個指標範圍；對分析方法的指控沒有科學文獻支援等。最後，FDA 批准了該公司的申請，允許利用脂松香甘油酯代替木松香甘油

酯。後來，國際食品添加劑專家委員會也認可了這一結論。歐洲也有類似的申請，不過歐洲食品安全局認為目前的資訊不足以確認這二者等同，因此沒有給予批准。

在中國，這兩種松香甘油酯都獲得了批准。除了作為食品添加劑外，它們也獲准用於動物製品的拔毛。通常，人們把這樣的松香甘油酯叫作食用松香。它們和通常所說的松香，並不僅僅是食品級和工業級的區別，而是在化學組成上就不相同。用於拔毛的松香，必須是這種俗稱食用松香的松香甘油酯。

電子煙，
現實不按理想去運行

　　經過多年的宣傳，「吸煙有害健康」這個觀念已經深入人心。即使是一天不抽就渾身難受的吸煙者，也很少有人反對這一結論。所以，如果有一種既能夠滿足煙癮又無害，或者沒那麼有害的替代品，那麼它無疑就是有益健康的選擇。

　　電子煙的出現，就是基於這種理念。

　　早在 1963 年，一個名叫赫爾伯特・吉爾伯特的美國人發明了無煙無尼古丁的香煙替代品，並獲得了專利。不過，當時的大眾並不認為吸煙有危害，反而認為吸煙是一種時尚。因此這個產品並沒有受到多少關注，甚至沒有實現商業化。

　　2003 年，一個名叫韓力的中國人申請了電子煙專利。其設計思路跟吉爾伯特的很相似，但電子煙中含有尼古丁，可以滿足煙癮。2004 年，電子煙從設計轉化為產品，出現在中國市場上，並在隨後的幾年中迅速擴散到歐美市場。

　　市場上的電子煙可能多達幾百種，外形有的像傳統的香煙，有的像筆，還有的像煙斗。其主要構造可以分為三部分：放置尼古丁以及其他香料的容器、電池和霧化器。有的用按鈕啟動電池，有的在抽吸時自動啟動電池。電池啟動後，使得容器中的尼古丁以及其他香料揮發，產生的霧氣中含有尼古丁，能夠模擬傳統的煙氣，從而滿足吸煙者的需求。因為沒有燃燒，所以避免了燃燒產生的焦油等產物。電子煙的推崇者認為，這樣的電子煙產生的「二手煙」要少得多，也沒有傳統香煙的那些危害。

　　這種設計理念得到了許多人吸煙愛好者的認同，因而在市場上大獲成功。不過，醫學界並不認同電子煙安全無害。首先，它的功效成分還是尼古丁。尼古丁不僅是一種成癮性物質，還對心臟健康有損害。此外，它會影響

反思：那些事故與著名的官司

青少年的大腦發育。如果孕婦攝入尼古丁，那麼胎兒的發育也會受到影響。

其次，電子煙中還含有其他有害物質。比如，有些電子煙中含有甲醛，還有一些電子煙使用二乙醯作為香料以產生牛油的香味。而吸入二乙醯會危害肺，可能導致「爆谷肺」。

最後，除了煙本身的危害，電子煙還具有一定的安全隱患。一是它可能着火。2009-2016 年，FDA 收到了 134 起電子煙過熱、起火和爆炸事故的報告。二是電子煙中的液體尼古丁容易造成吸煙者中毒。

雖然電子煙不像生產者宣稱的那樣安全無害，但其危害程度確實比傳統香煙要低。因此，有人認為，可以把它作為幫助戒煙的工具。一些研究曾檢驗電子煙戒煙的效果，但結果並不比現有的其他戒煙方式更有效。所以，FDA 的結論是「沒有證據證明哪一種電子煙在戒煙方面是安全有效的」。美國梅奧醫學中心也明確説，不推薦用電子煙來戒煙。

對電子煙更大的擔憂是，它會吸引青少年去嘗試，最終使青少年發展為傳統煙民。2016 年，美國南加州大學的學者發表了一項研究。他們在 11、12 年級（相當於中國的高二和高三）的學生中找了 152 名從未吸煙的學生，和 146 名沒有吸過傳統香煙但吸過電子煙的學生，在 16 個月之後統計他們的吸煙狀況。結果顯示：在 146 名吸過電子煙的青少年中，後來開始吸傳統香煙的比例是沒吸過煙的那組青少年的 6 倍。

從證據角度來説，這項研究不算科學。它的樣本量比較少，所以這種流行病學的調查只能顯示曾經吸食電子煙和後來抽傳統香煙具有相關性，但不能證明吸電子煙導致後來吸傳統香煙。不過，6 倍的差異還是相當驚人的。

而在 2015 年《美國醫學會雜誌》上發表的另一項類似研究中，規模就要大得多。該項研究在洛杉磯地區的 10 所高中進行，參與的總人數達到了 2,530 人。這些孩子在 9 年級的時候，被詢問是否吸煙或者吸電子煙，然後研究人員分別在 6 個月後和 12 個月後調查他們的吸煙狀況。結果是，曾經吸電子煙的孩子，在下一年開始吸傳統香煙的比例比沒有吸過電子煙的孩子要高數倍。

在健康領域，功效必須有明確、堅實的科學證據才會被允許宣傳，而風險則只需要有相關性就可以被監管。在美國，對於電子煙的管理跟傳統香煙是一樣的，管理的要點包括以下方面：

· 18 歲以下禁止購買，不管是從網上還是實體店。

· 對於看起來 27 歲以下的顧客，電子煙的銷售者必須查驗身份證明。

· 除了在「青少年禁止進入」的場所，自動售貨機不許銷售電子煙。

· 不允許提供電子煙的免費樣品。

· 從 2018 年起，含有尼古丁的電子煙必須標明「本產品含有尼古丁，尼古丁是一種致癮物質」。

中國是電子煙的起源地，目前世界市場上的電子煙絕大多數也產於中國。在過去很長的時間裏，電子煙在中國並不流行，政府也就沒有立法對其進行監管。然而隨着它愈來愈普遍，愈來愈多的地方把電子煙也納入禁煙的範疇。在 2019 年 5 月 31 日「世界無煙日」的主題宣傳中，國家衛健委（中華人民共和國國家衛生健康委員會）把拒絕電子煙作為宣傳主題，希望引起公眾、家長、青少年對電子煙危害的認識。7 月 22 日，國家衛健委宣佈，正在會同有關部門開展電子煙監管的研究，將通過立法的方式對電子煙進行監管。

反思：那些事故與著名的官司

為甚麼「麵粉增白」會引發巨大爭議？

麵粉增白劑在中國使用了大約 20 年。隨着公眾對食品安全的關注，有關麵粉增白劑的爭議也愈來愈大。衛生部門雖然禁止了它的使用，但一直有業內人士對此不以為然，認為這是科學向輿論的妥協。對於許多人來說，用一種化學物質來增白麵粉，顯然是有害無益的事情，為甚麼還會有人支援使用呢？

從化學角度來說，「增白」的表述並不準確，「漂白」才準確地表達了它的含義。從技術角度來說，麵粉增白就是採用氧化劑對麵粉進行人工氧化。目前使用最廣泛的氧化劑是過氧化苯甲醯（簡稱 BP 或者 BPO）。氧化的結果，一是增加了麵粉的白度，二是改善了麵粉的加工性能（比如經過氧化的麵粉蒸出來的饅頭更蓬鬆），三是由過氧化苯甲醯轉化而來的苯甲酸可以起到防腐的作用。

像關心任何一種食品添加劑是否有害一樣，不管是過氧化苯甲醯本身，還是過氧化苯甲醯漂白後的麵粉產物，科學界從幾十年前就開始關注它們對健康的影響。目前，廣泛接受的觀點是：過氧化苯甲醯漂白會破壞麵粉中的一些維他命等營養成分；在正常使用量下，在過氧化苯甲醯以及其產物中都沒有發現足以危害健康的成分。

基於這兩個結論，美國、加拿大、澳洲和新西蘭等國多年前就批准過氧化苯甲醯用於麵粉和乳酪的漂白。至於它對維他命的破壞，並不被認為是大的問題。原因在於：一方面，麵粉只是這些維他命的飲食來源之一；另一方面，這些被破壞的成分很容易在氧化完成之後被加入。所以，在美國的市場上，漂白並加強的麵粉是主流。所謂的「加強」，就是加入那些被破壞的成分。世界衛生組織和聯合國糧食及農業組織也認同這種做法。

歐盟並不否認上面的兩個結論，但還是禁用了過氧化苯甲醯。從某種程度上說，歐盟的理由更符合中國公眾的思維——沒有發現危害健康的成分並

不意味着這樣的成分不存在，萬一有未被發現的有害成分存在呢？歐盟認為漂白麵粉帶來的好處不足以讓人們去承擔潛在的風險，所以不應該允許過氧化苯甲醯的使用。

基於相同的科學證據，不同的國家對同一種物質做出截然相反的管理決策，這在食品衛生領域是相當常見的現象。就食品添加劑和藥品來說，沒有一種物質能夠被證明絕對安全。通常所説的安全審查其實採用的是排除法：先提出可能有害的方面，然後一項一項去檢測。如果把能夠想到的可能危害都檢測過了，仍沒有發現有害的證據，那麼在公共決策的時候就認為其無害。但是這種無害本身不意味着絕對安全，也有一些食品添加劑通過了安全審查，後來又因發現了新的危害而被禁用。

通過排除法篩除所有可能的危害是不可能做到的；所以，如果我們要以「萬一還有沒發現的危害」去質疑任何物質的安全性，那麼世界上就沒有一種物質是安全的。這樣一來，一種食物成分是否安全的公共決策就變成了另一個問題：在經過甚麼樣的檢測之後才可以得出一種食物成分安全的結論？這個問題的討論就需要高度的專業性了。所以，在制定公共衛生決策的時候，只能要求決策的過程和依據公開透明，而不是僅通過民主投票決定。

反思：那些事故與著名的官司

「砷啤酒」落網記

在世界食品歷史上，英國的「砷啤酒」事件是極其慘痛的一則事故。但在現在的很多記錄中，往往只有隻言片語。事後諸葛亮總是很容易當，而當時探索真相的過程並不簡單，可以說是與傷害爭奪時間的比賽。

非傳染病也能流行起來？

1900 年夏秋之交，英國曼徹斯特的雷諾醫生注意到，自述手腳麻木、針扎般疼痛、四肢無力、皮膚瘙癢等症狀的門診病人急劇增多，其中一部分人被診斷為紅斑性肢痛症或者愛迪生氏病。此外，被診斷為帶狀皰疹的病人也大幅增加，人數多達以前的 4 倍。這些病人一般都是窮人，都有喝啤酒的習慣。另外，還有幾百人被診斷為酒精性周圍神經炎。這種神經炎在 19 世紀後期的曼徹斯特地區很普遍，根據曼徹斯特的另一位醫生柯利納克的統計，這種神經炎在曼徹斯特地區的發生率是倫敦地區的 2~3 倍，是貝爾法斯特和劍橋等地區的 5~10 倍。

在曼徹斯特濟貧醫院的患者中，患這種酒精性周圍神經炎的病人大約是病人總數的 1%。但 1900 年 11 月，這一比例飆升到 25%，皇家醫院的情形也類似。此外，索爾福德以及曼徹斯特其他地區的這種病例也大幅增加。雷諾認為，這意味着爆發了流行性酒精性周圍神經炎。他還注意到，皮膚變色的病例也大幅增加。他不知道的是，除了這些地區，英國北部也出現了這種病。

這些患者的共同特徵是經常喝啤酒，所以被診斷為酒精性周圍神經炎也就順理成章。

但是，這種病不是傳染病，如果這一診斷是正確的，那麼就需要解釋為甚麼它在短時間內會集中爆發。雖然這一地區的人大量喝啤酒，但這是長期的生活習慣，無法解釋這種病暴發的原因。如果非要與甚麼不同尋常的因素聯繫在一起的話，只能想到布爾戰爭和當年的選舉。戰爭結束後，為了慶祝，人們在一定時間內會喝大量的啤酒；而當年選舉的候選人為了討好選民，免

廿一世紀吃的真相 — 食物安全真與假

費提供了一些啤酒。但是，這樣的解釋仍然比較牽強。

此外，另一個需要解釋的問題是：為甚麼患者一般都是窮人？

雷諾鎖定疑犯

那時候，醫學界的共識是大量飲酒會導致酒精性周圍神經炎。當時，儘管有患者宣稱自己喝的量不大，但醫生們並不相信這些自述。因為他們認為患者都知道喝酒不好，所以在自述時往往會隱瞞真實情況。再加上醫生們對低收入階層缺乏信任，因而這些自述在很長時間裏沒有被重視。

然而，隨着這樣的自述愈來愈多，有的醫生開始動搖。經過仔細的詢問，雷諾相信有的病人每天喝的啤酒不超過 4 杯。另外，還有一些患者來自中產階層，而醫生們認為中產階層懂得如實描述飲酒量對診斷的重要性，於是更容易相信他們的自述。除了雷諾，也逐漸有其他醫生開始相信有的病人沒有過量飲酒。

於是，問題就來了：如果真的有一些人僅是適量飲酒也出現了同樣症狀，那麼此前的診斷就可能有誤。

一些醫生開始重新探究病因。雷諾翻閱了相關教科書，按照教科書的説法，酒精性周圍神經炎最明顯的症狀是肌肉軟而無力，這與這些病人的症狀相符。導致這一症狀的原因只有三種：酒精、維他命 B_1 缺乏和砷中毒。雷諾注意到，濟貧醫院中有一些病人除了酒精性神經炎的症狀外，皮膚也有變色症狀。此前的共識是周圍神經炎和皮膚變色無關，而此時，雷諾認為兩種症狀可能是同一個原因，而導致這兩種症狀同時出現的物質只有一種——砷。

然而，砷至此還只是一個「嫌疑犯」，雷諾的想法也只是一個假設。他注意到患者都喝啤酒，而喝白酒的人卻沒有出現同樣的症狀；因此，他認為

反思：那些事故與著名的官司

酒精不是導致症狀的元兇,而如果砷是罪魁禍首,則一切都說得通了。1900年11月15日,雷諾記錄下了這一假設。接着,他在病人經常買啤酒的地方抽取了一些樣品進行檢測。11月18日,經過檢測他證實這些啤酒中確實含有砷,於是他的假設成立。兩天之後,曼徹斯特歐文斯學院的教授狄克遜 · 曼也確認了這一事實,並通報給索爾福德的衛生官員塔特薩爾。幾天之後,雷諾在《英格蘭醫學雜誌》上發表了檢測結果,含砷啤酒被公眾知曉。

除了雷諾之外,塔特薩爾與醫務官柯然(Cran),以及歐文斯學院的一位教授謝里丹也進行了調查。柯然意識到了啤酒的問題,早在11月12日,他們就在索爾福德最大的啤酒廠取了一些樣品送去檢測。可惜,因為缺乏具體的檢測目標,未能找出罪魁禍首。但因為柯然有幾位病人就是啤酒廠員工,所以他們堅信啤酒是「毒物」的媒介,打算送檢更多的樣品。而此時,塔特薩爾從狄克遜 · 曼那裏知道了砷才是元兇。

砷從哪裏來?

確認了啤酒裏的砷是罪魁禍首後,那麼下一個問題就是:啤酒裏的砷是從哪裏來的呢?

開始很多人並不相信砷與啤酒有關,有人認為砷來自飲用水,有人認為它來自南非的腸熱症,還有人認為是因某些茶在乾燥過程中被污染而造成的。檢測塔特薩爾樣品的分析員當時沒有檢測出砷,於是認為雷諾的說法難以置信,並批評說沿着這條綫索往下追查是誤入歧途,會浪費時間耽誤查出真兇。他認為,如果是啤酒中的砷導致了症狀,那麼受影響的應該有3,000人而不是當時發現的300人。事後證明,他的估計相當準確,確實是有幾千人受到影響。

雷諾最初懷疑砷來自啤酒花的農藥殘留。為了防治枯萎病,啤酒花要用含硫的殺蟲劑,而其中含有砷雜質。對此進行系統性追查的是塔特薩爾等人。他們從一個檢測出砷的啤酒廠中收集了每一種原料進行檢測,發現只有兩種糖樣品中含有砷(有一些啤酒並不全用燕麥發酵,而會加入糖進行發酵)。這兩種糖來自同一家製糖公司。他們順藤摸瓜調查糖的生產過程,發現糖中的砷來自硫酸(從甘蔗中提取糖時會用到硫酸)。繼而他們追蹤到生產硫酸的公司,發現該公司的硫酸不是以前那樣從純硫中製取的,而是用黃鐵礦製

取的。黃鐵礦中含有砷，在製取硫酸的時候也會轉化成砷酸混雜在硫酸中。如此一來，塔特薩爾和謝里丹不僅鎖定了「罪犯」，而且排除了其他嫌疑因素，隨後將這一結果發表在《柳葉刀》雜誌上。

在罪魁禍首確認之後，英國各地對這一症狀的診斷受到了更多關注。1900 年 12 月，僅曼徹斯特城中砷中毒人數就達到近 2,000 人。最後的統計結果顯示，英國各地的中毒人數高達 6,000，而確定因飲用含砷啤酒中毒致死的有 70 人。而在此之前幾個月的死亡人數未被計入其中，因此估計實際數字還要更高。

反思

在罪魁禍首被鎖定之後，啤酒行業和政府立即採取有力措施，大量砷啤酒被召回倒掉。在啤酒生產中杜絕了含砷原料之後，砷中毒的病例發生率降到了正常水準。

但是，這一事故造成的 6,000 人中毒、70 人死亡的結果，實在是很慘痛。「罪犯」砷來源於啤酒的原料之一——糖，這種污染來自食品生產鏈的上游，所以下游的生產商都被牽連。根據塔特薩爾的調查，英格蘭北部和米德蘭地區有 200 家啤酒廠使用那個公司生產的糖，因而造成了大範圍的砷中毒。

理論上說，現代化大型食品企業的質量監控要嚴於小規模生產，發生事故的概率要更低。但是，因為規模大、產業鏈長，一家企業出事故，往往會波及大量企業，最後導致大量消費者受害。進入 20 世紀，食品產銷的工業化進一步發展，企業規模更大，行業分工更細，意味着企業的自控和政府的監管都需要更高的標準。在美國，FDA 一次次進行改革，針對大型企業的監管從產品監測到過程監管的要求都愈來愈細化，愈來愈嚴格。

對企業來說，嚴守生產規範至關重要。砷啤酒的出現，就是因為企業對糖的需求量增加，以至於生產糖所需要的食品級硫酸不足，於是企業才使用了用黃鐵礦生產的工業硫酸。在現代大型食品企業中，一旦產品定型，企業不願意輕易更換供應商和生產條件，就是為了儘可能減小潛在的風險。而砷啤酒的案例則時刻警醒着我們，任何生產流程、生產原料的變動，都需要經過全面、嚴格的安全評估。

第五章

飛躍：當基因技術遇上食物

輻射食品，望文生「疑」

2009 年，關於某些即食麵使用了輻射處理而又未加標注的新聞，再一次撥動了食品安全這根敏感的弦。提起輻射，人們立刻就會想到致癌，這樣的技術為何會用到食品中，它對健康又意味着甚麼呢？

用輻射來處理食品並不是一項新技術，其實早在 1905 年就有了這樣的專利。在之後的 100 多年中，這項技術的應用範圍愈來愈廣。如今，人們主要使用伽瑪射綫、X 光或者高能電子束處理各種食物。這些射綫能夠引起細胞 DNA 的損傷，從而殺死致病細菌，阻止蔬菜水果的進一步代謝從而延長保質期，防止糧食霉爛、發芽、長蟲等。按照聯合國糧食及農業組織的估計，世界上有大約 25% 的糧食在收穫後的儲存運輸中因為霉爛、發芽和長蟲等造成損失，而輻射可以大大減少這種損失。對於日常食物來說，高溫滅菌是延長保質期從而便於運輸分銷的手段。對於牛奶、果汁這樣的液態食品，巴斯德滅菌技術（在 70 多攝氏度下保持十幾到幾十秒鐘）已經得到了廣泛應用。但是對於肉類等固態食品來說，這種加熱方式卻不可行，而輻射則可以很好地解決這個問題。對於調料來說，加熱會破壞其味道，而它們的原材料又很容易被微生物污染，輻射處理正好可以大顯身手。

對於大眾來說，這些好處雖然重要，但是人們最關心的還是，那些被能致癌的射綫照過的東西，吃了會不會危害身體？

在討論這個問題之前，不妨思考這麼一個問題：有一種食物加工技術，會讓蛋白質變性、澱粉糊化、脂肪氧化、維他命失去活性等，如果把同樣的處理方法用在人身上，可以很輕易地置人於死地，那麼這樣一種技術處理過的食物，你敢吃嗎？

如果你說「這太恐怖了，我寧願生吃也不願意碰這樣的食物」，那麼很遺憾，你基本上只能生吃了。大家習以為常的烹調方式——煎炒烹炸涮煮蒸，每一種都符合上面的描述。如果你能想到「那有甚麼，我吃的是用它處理過的食物，又不是用它來處理我」，那麼你就很容易理解下面這句話：用來處理食物的輻射綫能夠致癌，跟輻射過的食品安不安全沒有任何關係。

不過，輻射這個詞太讓人恐懼了，科學家們為了探索輻射食品是否安全，幾十年如一日地進行各種檢測。從這項技術發明到 FDA 批准它在特定的食品加工中應用，前後一共用了 50 多年。世界各國的科學家一直在努力，幾百項動物以及臨床試驗也都沒有發現輻射食品有害健康，它的使用範圍陸續擴大。

1990 年，聯合國糧食及農業組織、世界衛生組織和國際原子能機構成立了一個「國際食品輻射諮詢小組」（後來成為一個政府間機構）擁有幾十個會員國。這個小組負責匯總世界各國與輻射食品有關的研究以及使用情況向三個組織的會員提供安全和合理使用食品輻射技術的資訊。按照它們發佈的公告，過去大量的研究否認了人們對輻射技術安全性的各種質疑，這種技術跟其他食品加工技術一樣，是安全有益的。它對食物營養成分的破壞，不會超過傳統的加熱對食物的破壞。人們對於它的恐懼，更多的是源自對陌生事物的恐慌，就像當初巴斯德滅菌技術出現時的疑慮一樣。隨着人們對輻射技術的瞭解和接受，在將來的標識中，有可能用冷巴斯德處理取代輻射處理。

在美國，食品輻射是被當作食品添加劑進行管理的。對於其可以用在甚麼樣的食品中、如何應用、可以用多大劑量，都有明確的規定。只有經過 FDA 的許可，生產商才可以使用，而且必須有明確的標識。一般而言，世界各國對於輻射食品都有明確標識和劑量限制的要求（不超過 10kGy。Gy 是輻射劑量的單位，1kGy 是 1 公斤食物吸收 1 000 焦耳的輻射能量）。聯合國糧食及農業組織、世界衛生組織和國際原子能機構的專家組後來評估了大量的研究結果之後，認為這個最大劑量的規定是沒有必要的，因為再大劑量的照射也不會帶來安全性的問題。

或許是 10kGy 的劑量已經滿足了絕大多數輻射食品的要求，因此各國管理機構依然實施這個劑量限制。也就是説，各國的管理規定其實比科學數據所要求的還要嚴格一些。前面提到的處在旋渦中的即食麵企業的態度還是可取的，它們沒有拿「科學研究表明輻射是安全的」來為自己辯解，而是表示要糾正自己的錯誤操作，遵守國家規定。一種技術、一種原料是否安全不是由生產商説了算的，而是需要政府主管部門的認可。對生產商來説，遵守規定才是關鍵；而消費者對於符合國家規定的食品，大多都是認可的。

基因改造甜菜的一波三折

美國是世界上最大的產糖國之一，同時也是最大的糖消費國之一。如果把粟米糖漿、高果糖漿、蜂蜜等也算在內，那麼美國人年均吃糖量達 60 多公斤。

雖然高果糖漿和粟米糖漿的使用愈來愈多，但蔗糖的需求量依然很大，美國每人每年大約吃 30 公斤蔗糖。在蔗糖的生產過程中，甘蔗和甜菜對氣候的要求不同。甜菜適合在溫帶地區生長，在美國適合種植的地區更多。所以，甜菜生產的蔗糖大約佔蔗糖總產量的 55%，每年的產值高達十幾億美元。

在甜菜的種植過程中，雜草的存在是個大問題。如果不鋤草，它們會和甜菜搶奪肥料、水和陽光，這不僅要施更多肥料，還容易影響產量。在大規模種植中，傳統上有三種鋤草方式。一是機械化鋤草，這不僅需要設備，也需要操作成本，而且鋤草時難免會傷到甜菜。二是用除草劑，但是傳統的除草劑毒性比較大，對甜菜也會有影響。三是人工鋤草，然而美國的勞動力成本使得這種方式很難實施。

因此，抗除草劑的基因改造甜菜就有了非常大的吸引力。早在 1998 年，孟山都公司和拜爾集團就各有一個抗除草劑的品種獲得了批准。2005 年，孟山都公司又有一個新的抗除草劑品種得到了批准，然後開始了大規模種植。這一品種轉入了抗草甘膦基因，從而對草甘膦具有抗性。草甘膦是一種安全性很高的除草劑，可以有效地除去多種雜草。因此，這一品種不需要人工也不用機械化操作，噴灑草甘膦就可以殺死雜草，而甜菜卻安然無恙。

這個品種一經推出，就大受農民歡迎。除了美國外，加拿大和日本也允許了它的種植。俄羅斯、韓國、澳洲等 9 個國家雖然沒有批准其種植，但批准其進口用於食用。然而它的基因改造身份毫不意外地引來了質疑。用基因改造甜菜生產的糖跟普通甜菜或者甘蔗生產的糖沒有區別，因此反對者無法在食用安全性上找到突破口，於是把目光放在了環境安全性上。2008 年，包括民間食品安全機構和有機種子公司在內的幾個機構起訴美國農業部，指

廿一世紀吃的真相 ─ 食物安全真與假

控其進行的環境安全評估不完善，宣稱基因改造甜菜有可能污染傳統甜菜。

　　法院受理了這一起訴。2009 年 9 月，加州的一個地區法院裁定原告的指控成立，裁定美國農業部「沒有完全考慮基因改造甜菜帶來的環境風險」。據此，原告提出在新的環境安全評估完成之前，應該禁止基因改造甜菜的進一步種植和加工。這對種植甜菜的農民來說無疑是滅頂之災。美國農業部預測，如果真的這樣做，那麼美國將陷入食糖短缺的危機。

　　2010 年 3 月，法院駁回了原告的這一要求。到 8 月中旬，美國農業部 2005 年的批准許可被正式取消，但規定此前已經種植的可以繼續種植、收穫和加工，而生產的種子也可以收穫保存。

　　這意味着如果新的環境安全評估不能及時完成，下一年農民將不能再繼續種植這一品種。11 月，美國農業部發佈了一個「部分監管」環境影響評價報告，給出 30 天的公眾反饋期。在反饋期期間，美國農業部沒有收到有效反對。2011 年 2 月，美國農業部發佈最終報告，決定實施部分監管，即經過美國農業部特別許可，在遵守一些強制的種植規範的前提下可以種植。那一年，美國種植基因改造甜菜品種的比例達到了 95%。

　　2011 年 10 月，美國農業部又發佈了新的環境安全和生物風險評估草案，2012 年 6 月成為最終版本。基於這一評估，美國農業部再次批准了這個基因改造甜菜品種，農民可以自由種植。

　　甜菜的問題解決了，但這個案例卻讓農民和基因改造種子公司很不安。因為即使美國農業部批准了一個基因改造品種，反對力量也還是可以提出類似的訴訟來影響種植。於是，2012 年 6 月，一位參議員提出了「農民保護條款」，指出：對於農業部已經批准種植的基因改造品種，即使法院推翻了該批准，農業部也可以接受農民或者種子公司的申請，頒發臨時種植許可。

　　這就是甜菜事件的操作方案。如果說之前的操作是臨時起意，並沒有法

律依據，那麼「農民保護條款」則把這一操作以法律的形式固定下來。2013年3月，參議院和眾議院通過該條款，奧巴馬總統簽署生效，有效期為6個月。

這個條款對於反對者來說不是好消息。它意味着，如果美國農業部的批准真的錯了，那麼起訴將無法阻止被錯誤批准的品種繼續種植。因為這一條款是那位參議員與孟山都公司一起起草的，條款內容又對基因改造種子公司有利，所以被反對者稱為「孟山都公司保護法案」。它的通過引起了基因改造反對者的強烈抗議。該條款與加州要求強制標注基因改造的「37號提案」被全民投票否決，於是引發了2013年5月發生的「反對孟山都公司」遊行。

2013年9月底，該條款到期，沒有列入參議院的表決，從而作廢。

迄今為止，獲得商業化種植許可的基因改造甜菜都是抗除草劑的，其價值在於降低生產成本。作為一種前景廣闊的技術，這僅僅是起點而不是終點。目前，正在開發的基因改造甜菜，還有抗病毒、抗真菌、抗蟲和抗旱的品種。這些品種一旦得到推廣，勢必會減少農藥的用量，或者減少乾旱帶來的損失。此外，還有改變營養組成的品種，比如生產寡聚果糖和聚糖的品種。寡聚果糖和聚糖是廣為接受的益生元。如果這些品種獲得成功，將給甜菜種植業帶來革命性的轉變。

美國會把主糧基因改造嗎？

　　關於基因改造農作物，有一個著名的質問是：「美國會把主糧基因改造嗎？」所謂美國的主糧，是指小麥。目前，包括美國在內，世界各國都還沒有商業化種植基因改造小麥。不過，這是因為他們不對主糧進行基因改造嗎？

　　其實，在基因改造技術開始應用於農產品的時候，基因改造小麥的研發也開始了。2002 年，孟山都公司的抗草甘膦小麥 MON71800 在美國獲得了食用許可。美國的小麥產量遠遠超過其國內需求，大約有一半用來出口，主要出口國（地區）是日本和歐盟。但是，日本和歐盟對基因改造小麥沒有甚麼興趣。對於美國的麥農來說，抗草甘膦固然可以降低勞動強度，但日本和歐盟不進口的話，生產成本再低也沒有甚麼意義。所以，美國麥農對 MON71800 很抗拒。孟山都公司覺得事不可為，在兩年之後放棄了繼續申請商業化種植許可。

　　孟山都公司的這個品種在美國 16 個州百多個地方進行過大田試驗，前後持續了十多年。在決定放棄之後，孟山都公司回收了大部分種子，而其他種子則就地銷毀。但這個品種還是給孟山都公司帶來了麻煩。2013 年 4 月，俄勒岡州一塊麥田用除草劑清除所有植物。然而，有一些小麥竟然活了下來。負責人把活下來的植株拿到俄勒岡州立大學進行檢測，發現其中含有抗草甘膦基因。這一污染唯一可能的解釋就是 10 多年前進行的 MON71800 大田試驗。

　　消息傳出，全世界嘩然。雖然孟山都公司稱所有的出口小麥中都沒有檢測到污染情況，美國農業部也發佈公告說即使 MON71800 出現在食品中也不會帶來健康隱患，但日本和韓國還是宣佈停止進口，歐盟及其他國家也表達了嚴重關切。

　　2013 年 6 月，美國農業部發佈調查報告，稱這是個只涉及單個農場、單片麥田的孤立事件。不過那些神秘的 MON71800 小麥從何而來，依然是個謎。之後，日本等國重啟了進口，美國麥農沒有遭受明顯損失，孟山都公司也因此逃過了一劫。

MON71800 是最接近商業化的基因改造小麥。它的失敗並非因為不安全或者美國人不對主糧進行基因改造，而是它帶來的好處對消費者和農民來說沒有足夠的吸引力。此後，關於基因改造小麥的研究一直沒有停止。迄今為止，全世界進行過或者正在進行的基因改造小麥大田試驗有 400 多項。美國自不必說，歐洲也有 30 多項，加拿大、阿根廷、日本、澳洲等國也在進行。糧食問題比較嚴峻的印度也表現出了興趣。

這些正在進行研發的品種會對消費者和生產者產生更大的吸引力。比如抗真菌、抗旱、抗鹽等特性，可以提高種植作物的適應性，相當於提高了產量；增加谷膠蛋白含量和支鏈澱粉含量，可以提高產品的加工性能；提高植酸酶的含量，有利於小麥中的礦物質被人體吸收；提高賴氨酸的含量，能改善小麥蛋白的氨基酸組成，使之更接近人體需求。如果這些品種被研製成功，那麼帶來的好處會更加突出，也會更容易被市場接受。

其中抗鐮刀菌的品種可能最具潛力。小麥等作物被蟲咬之後，容易被鐮刀菌感染。鐮刀菌產生的毒素在食品加工中難以被破壞，人食用後會出現噁心、嘔吐等症狀。有些毒素還有潛在的致癌性，或者能影響激素平衡。目前，對付鐮刀菌還沒有特別有效的辦法，高抗性品種、輪種耕作方式以及化學農藥等有一些幫助但效果有限。而基因改造，或許是解決這一問題的有效手段。

基因改造馬鈴薯的過去、現在和將來

　　馬鈴薯是世界第四大糧食作物，僅次於大米、小麥和粟米。在不同的國家，馬鈴薯的人均食用量相差巨大，比如美國年人均食用量為 60 多公斤，遠遠高於世界平均水準，也是大米和粟米（不算粟米澱粉和粟米糖漿）年人均食用量的數倍。而歐洲國家的年人均食用量則更高，許多國家甚至超過了 150 公斤，比中國人人均大米食用量還要多得多。

　　如果按照食用量來算，馬鈴薯大概可以算得上美國人在小麥之外的另一種主糧。大米是中國的主糧之一，年人均食用量也不過八九十公斤。美國人很早就開始了小麥和馬鈴薯基因改造的嘗試。

　　最早拿到基因改造馬鈴薯商業化種植許可的是孟山都公司的一個抗病毒品種 NewLeaf。1996 年，這種基因改造馬鈴薯開始了種植。到 1999 年，種植面積達到了近 40 萬畝。然而，與非基因改造的品種相比，這個品種並沒有帶來經濟上的好處。麥當勞等美國最大的馬鈴薯用戶對它完全沒有興趣。麥當勞每天消耗的馬鈴薯多達 400 萬公斤，當它要求供應商不要種植這種基因改造馬鈴薯，其他用戶也難免跟隨。這基本上就宣告了這個馬鈴薯品種的末日。2001 年之後，這個馬鈴薯品種黯然退出了市場。

　　搞基因改造馬鈴薯研發的當然不止孟山都公司。1996 年，巴斯夫向歐盟申請了一個叫 Amflora 的基因改造品種。馬鈴薯的主要成分是澱粉，包括支鏈澱粉和直鏈澱粉兩類分子結構。支鏈澱粉可以溶解於水中，大大增加黏度，在製造生物聚合物方面很有價值。而直鏈澱粉不溶於水，對於形成生物聚合物會幫倒忙。對於吃馬鈴薯的人來說，哪種澱粉多或少沒有多大關係，但對於加工而言，單純的支鏈澱粉就要優越得多。而這個 Amflora 品種就是通過調控馬鈴薯本身的基因，抑制它生成直鏈澱粉，從而得到支鏈澱粉馬鈴薯。這對於工業加工而言，自然很有吸引力。巴斯夫的申請只是用於工業產品和動物飼料，並非用於食品。這個品種在經過了十幾年的等待後，終於在 2010 年獲得了種植許可。

提取澱粉是馬鈴薯的一大用途，提取完澱粉剩下的渣其實是更好的食品原料。巴斯夫的長遠目標是將 Amflora 品種的馬鈴薯用於食品中。然而，在 2010 年的生產許可中，這種馬鈴薯的成分雖可以在食品中出現，但不許超過 0.9%。

此後，巴斯夫還提交了幾種基因改造馬鈴薯的申請，比如抗馬鈴薯晚疫病的基因改造品種。馬鈴薯晚疫病是馬鈴薯種植中的第一大病害。在 19 世紀中期，歐洲幾次饑荒的罪魁禍首就是它。而目前，除了培育抗病品種之外，對它的防治靠的是殺蟲劑與重金屬農藥。

按理說，這些基因改造馬鈴薯品種都很有價值。然而歐洲的反基因改造勢力很強大，幾次三番破壞巴斯夫的試驗田；同時，歐盟對基因改造品種的審批又充滿了不確定性。看不到未來的巴斯夫鬱悶地撤回了在歐洲的申請，將研發中心搬到了美國。Amflora 馬鈴薯雖然獲得了批准，但巴斯夫放棄了商業化種植的努力。

目前，世界上還有一些公司在研發基因改造馬鈴薯。其中，最有可能上市的應該是當年被麥當勞要求不種基因改造馬鈴薯的辛普勞公司。該公司研發了幾個新的品種，不僅對農民有好處，對於麥當勞和消費者也益處頗多。

在馬鈴薯的收穫、運輸和加工中，變色是個比較大的問題。比如在碰傷擦傷之後，馬鈴薯就會變色，這樣的馬鈴薯就賣不掉了。這種變色帶來的損失可達 5%，這在農業生產中是不小的損失。而在加工過程中，比如炸薯條，為了避免變色，就需要在切好後立即將其浸泡、添加抗氧化劑等。

馬鈴薯中含有大量的澱粉，各種澱粉食物在高溫下都容易出現丙烯醯胺。丙烯醯胺是一種神經毒劑，大劑量食用具有致癌性。辛普勞公司的馬鈴薯品種 Innate 可以減少天冬醯胺的含量，而天冬醯胺是生成丙烯醯胺的前身。所以 Innate 品種可以大大降低丙烯醯胺的產生。

雖然也叫基因改造，但 Innate 馬鈴薯跟通常說的基因改造作物有很大的不同。轉入的 Innate 基因來自其他種植或者野生的馬鈴薯，本身仍是馬鈴薯基因。在對物種基因的改變上，這其實跟雜交水稻差不多。

2013 年 5 月，辛普勞公司向美國農業部提交了申請。美國農業部從 5 月開始公開徵集公眾反饋，到 7 月 2 日結束。同時，辛普勞公司也向加拿大、日本、墨西哥和韓國提交了申請。2014 年 11 月，該馬鈴薯獲得批准。

在美國，雖然對基因改造的接受程度比較高，但反對基因改造的力量也不小。Innate 能否成功，取決於麥當勞等大客戶是否使用。而麥當勞是否使用，又取決於消費者——在傳統馬鈴薯（丙烯醯胺含量高）和基因改造馬鈴薯（丙烯醯胺含量低）之間，選擇哪種的消費者多，麥當勞就會使用哪一種。

飛躍：當基因技術遇上食物

那些基因改造的水稻

　　第一代基因改造技術主要專注於抗蟲害和抗除草劑。這樣的基因改造品種在大規模的種植中才能體現出優勢，所以，第一代基因改造作物主要集中在那些大眾化的主要糧食作物中，比如大豆和粟米等。作為世界上大約50%人口的主要糧食，水稻自然成了基因改造操作的目標。

　　在開發基因改造水稻的競爭中，基因改造作物巨頭孟山都公司倒是沒有投入太多，基本上可以用淺嘗輒止來形容。在這個領域領先的是拜爾。2000年，拜爾開發的抗除草劑基因改造品種LL60和LL62在美國獲得了種植許可。此後，加拿大、澳洲、墨西哥和哥倫比亞等國也批准了它們的種植。拜爾也向歐盟提出了申請，只是遲遲沒有得到回應。

　　被政府批准種植，只說明它們在法律上取得了合法地位，跟是否商業化生產是兩回事。雖然美國人對基因改造產品的接受程度較高，但美國對大米的消費量並不高，這些大米主要供出口，而主要進口市場歐盟對基因改造產品又比較抵觸，所以美國農民沒有動力種植基因改造水稻。拜爾的這兩個品種，就像持有工作許可證卻找不到工作的人一樣，只好處於長年失業的狀態中。

　　與抗蟲害或者抗除草劑品種不同，黃金大米是第二代基因改造品種，它改善了營養組成，能直接為消費者帶來好處。黃金大米是通過基因改造操作，使得水稻能產生足量的胡蘿蔔素。胡蘿蔔素在體內可以轉化為維他命A，從而緩解欠發達地區的人嚴重缺乏維他命A的情況。

　　實際上，從技術和經濟的角度來看，黃金大米應該是最容易被消費者接受的基因改造品種。因為它不僅能直接為消費者帶來好處，而且不存在知識產權保護的問題。黃金大米的專利所有者放棄了所有權，發展中國家的低收入農民不需要為它支付知識產權的費用。此外，它的外觀與普通大米明顯不同，不想接受的人也很容易將其區分出來，因此不存在標注問題。可惜的是，黃金大米的基因改造身份使它的推廣舉步維艱。菲律賓通過立法掃清了推廣黃金大米的政策阻礙，但國內的反對行動持續不斷。黃金大米的推廣能走多

廿一世紀吃的真相 — 食物安全真與假

遠，還是個未知數。

中國也開發了自己的黃金大米品種。不過目前還處於實驗室階段，尚未進入大田試驗，更談不上生物安全證書的審評。在目前的社會輿論下，中國的黃金大米距離獲得安全證書還有很長的一段路要走。

國外的基因改造水稻研究也在繼續。澳洲植物功能基因中心（ACPFG）與作物營養強化項目（Harvest plus）合作研發的高鐵大米是另一個營養強化品種。鐵是人體必需的微量元素，但是很多人的食譜中都缺乏鐵。世界衛生組織估計，全球有 20 億人處於缺鐵狀態，體現為貧血、嗜睡、免疫力低下等症狀。對於那些主要以大米為食物且強化補鐵不方便的人群，通過大米來補充鐵元素是簡單易行的方案。在水稻中，煙醯胺結合鐵並把它運輸到種子中。實驗發現，如果增強煙醯胺合成酶的活性，就會增加煙醯胺的含量，從而運送更多的鐵元素到水稻種子中。通過加強煙醯胺合成酶的表達，大米中的鐵元素含量最多能增加 3 倍。不過，這一操作還處於早期階段，能夠走多遠，還難以預料。

水稻很容易聚集鎘和砷等污染物，如果能通過基因改造操作來抑制對這些污染物的吸收，那麼就會對消費者產生巨大的吸引力。日本東京大學在 2012 年年底宣稱找到了三個基因變異的水稻植株，即使種在重度鎘污染的土地上，大米中也幾乎監測不到鎘的存在，而且水稻的生長也沒有受到影響。更重要的是，日本科學家已經找到了導致這種變化的基因。對水稻中的這些基因進行調控，就可能在其他優質水稻品種中也實現低鎘的目標。

不僅在中國，在其他亞洲國家，比如菲律賓、印度、日本、泰國等，水稻都至關重要。除了上面提及的好處之外，基因改造技術還可能改善水稻抗病毒、抗真菌、抗旱、抗鹽等性能，也可能降低過敏或者提高水稻對肥料的利用效率，甚至作為生物反應器產生一些特定功能的蛋白質。但除了技術發展，基因改造水稻面臨的更大挑戰其實是如何讓公眾接受。

曾獲得成功的基因改造番茄，躺着中了馬鈴薯的槍

番茄是最常見的食物之一，在科學研究中也經常被用來研究植物的生理過程。這種近水樓台的優勢，使得早期的基因改造作物研究也經常以它為對象。

20世紀80年代以前出生的人，或許還能記得那時候的番茄跟現在的最大區別：皮薄、易壞，成熟的番茄放不了幾天就變軟，並且一碰就破。

番茄的軟硬在很大程度上是由其中的果膠決定的。番茄中有一種蛋白質叫多半乳糖醛酸酶，作用是分解果膠，果膠被分解了，番茄就失去了硬度。美國有家叫 Calgene 的生物技術公司，在番茄基因中插入了這種酶的反義DNA 序列，於是大大減少了這種酶的量。這家公司把這個經過基因改造的番茄品種命名為「Flavr Savr」，該品種在1992年和1994年先後獲得美國農業部和 FDA 的批准，成為世界上第一個被批准種植的基因改造作物。

1994年，這種番茄在芝加哥和加州的戴維斯上市，因為保質期更長而大受歡迎。然而，對新事物的好奇過去之後，人們對它的熱情逐漸消退。除了保質期更長外，它並沒有別的優勢，而且生產和運輸的成本都比較高，從而大大影響了它的市場競爭力。

雪上加霜的是，不久之後就有其他公司推出了經傳統育種得到的新品種，不僅有着類似的不易變軟特徵，而且口味更好，價格更便宜。Flavr Savr在1997年黯然退出了市場，但不可否認它是美國農業發展史上的一座里程碑。研發它的 Calgene 公司後來被基因改造巨頭孟山都公司收購了。

英國也研發出了類似的基因改造番茄。1996年，英國一家名為 Zeneca的公司用它生產番茄醬。跟傳統的番茄醬相比，這種基因改造番茄醬更加黏稠，而價格比傳統的番茄醬便宜20%。口感更好、價格更低，這種番茄醬因此也就有了足夠的吸引力。在接下來的幾年中，這種番茄醬一度比傳統的

番茄醬更受消費者喜愛，總共銷售了 180 萬瓶。在英國，這個銷量算是可觀的了。

沒想到它很快就「躺着中槍」了。當時英國有一些機構在研究基因改造馬鈴薯的安全性問題。本來，基因改造作物的安全性是個案審核，一個基因改造品種的情況，並不能推廣到另一個品種上去。而且，這些機構研究的基因改造馬鈴薯只是處於研究階段，並沒有被批准種植。它們是否存在問題，跟已經獲批上市的基因改造番茄完全無關。但對公眾來說，只要與基因改造沾邊，就很容易讓人對其他的基因改造作物產生懷疑。

雖然關於基因改造馬鈴薯的研究跟基因改造番茄沒有關係，而且研究本身也存在諸多問題，但公眾不可能深入瞭解其中的是非曲直。當有足夠多的消費者對它產生疑慮，商家就只能推出非基因改造番茄醬來打消消費者的顧慮，迎合市場需求。1999 年之後，這種番茄醬再也沒有出現在貨架上。

後來還有很多基因改造番茄獲得了商業化種植許可。比如孟山都公司的耐儲存番茄，通過基因改造來抑制乙烯的產生，從而使得番茄可以在藤上成熟，採摘之後還可以保存很長的時間。中國也有類似的基因改造品種，並且早在 1997 年就獲得了種植許可。

但是，傳統育種也能得到具有類似特徵的品種，它們更容易被市場接受，在跟基因改造品種的競爭中也就取得了先機。

在技術上，這些基因改造番茄獲得了成功；在監管上，它們也通過了所有的流程。但是在商業上，它們缺乏足夠的市場吸引力，因而都沒有獲得成功。後來的基因改造番茄瞄準了更多獨特的特性，比如抗凍、耐旱、耐鹽、抗蟲等，此外還有一些提供營養、改善風味甚至產生某些口服抗體或者活性多肽的基因改造番茄也在研發中。

孟山都公司在阿根廷的鬱悶

從 2005 年開始，孟山都公司在歐洲起訴一些貿易公司，指控它們從阿根廷進口的基因改造豆粕侵犯了「抗農達」的專利權。2010 年 7 月 6 日，歐洲法院駁回了這一指控。法院認為，歐盟《關於生物技術發明的法律保護指令》對基因改造專利的保護是針對有功能的基因，而豆粕已經不具有種子的功能，所以不在保護範圍內。

為甚麼孟山都公司會對豆粕進口公司提出這項指控，又要跑到歐洲打與阿根廷大豆有關的官司呢？事情得從孟山都公司在阿根廷的遭遇說起。

1996 年，阿根廷批准種植孟山都公司的抗草甘膦基因改造大豆「抗農達」。這一品種大大促進了阿根廷大豆產業的發展，不到 10 年，大豆種植面積超過了 2 億畝，阿根廷也躋身世界三大大豆種植國。跟許多人想像的不同，雖然阿根廷種植了這麼多「抗農達」大豆，但是孟山都公司並沒有從中得到甚麼好處。阿根廷的法律保護農民權，允許農民把自己的產品留作種子，只是不能把它們用於銷售。而後者只是一紙空文，「抗農達」大豆種子迅速擴散，甚至擴散到巴西等周邊國家。

1999 年，隨着阿根廷大豆產業的興起，美國豆農向孟山都公司抱怨：因為不用支付專利費用，阿根廷大豆在國際市場上佔有的競爭優勢讓他們覺得不公平。於是孟山都公司要求阿根廷豆農每留用 50 公斤種子，須支付 2 美元知識產權費用。這筆錢雖然不多，但它違反了阿根廷的《種子法》，自然遭到了抵制。2004 年，孟山都公司宣佈將暫停在阿根廷的業務。雖然孟山都公司宣稱這不是為了向阿根廷政府施壓，但幾天後阿根廷農業部長宣佈成立技術補償基金，通過徵稅然後給予孟山都公司一些補償。這一提案飽受訴病，最終還是被束之高閣。之後，孟山都公司高調宣佈：將對「抗農達」大豆進口國收取專利費。這一計劃顯然會影響阿根廷的大豆出口。阿根廷政府雖然很不滿，但還是與孟山都公司達成協議，承諾開始運作技術補償基金。

這個基金運作得如何我們不得而知，總之孟山都公司宣稱沒有得到收益。從 2005 年開始，孟山都公司在歐洲起訴幾家豆粕進口公司，指控其從

廿一世紀吃的真相 — 食物安全真與假

阿根廷進口的產品侵犯了「抗農達」的專利權。這些訴訟拖到 2010 年才有結果。

　　歐洲法院駁回指控實際上對孟山都公司造成的損失並不大。一方面，孟山都公司在此裁決公佈之前已經與一些進口商達成了庭外和解；另一方面，「抗農達」的專利 2014 年到期，訴訟的象徵意義大於實際價值。

　　孟山都公司與阿根廷農民鬥爭了十幾年，隨着「抗農達」的專利到期，這一場曠日持久的紛爭宣告結束。孟山都公司開發的「抗農達」二代，除了抗除草劑，還能抗蟲增產。「抗農達」二代在阿根廷獲得了專利權，不過十幾年來的遭遇使得孟山都公司對阿根廷格外警惕。在「抗農達」二代的種子銷售中，孟山都公司不僅要依靠專利法，更要與每家農場簽訂協議以保證收益。對於阿根廷豆農來説，只要不使用「抗農達」二代，繼續使用「抗農達」一代自然沒有問題，但是，美國和巴西的豆農會使用「抗農達」二代，改進的新品種比「抗農達」一代優越，從而在國際市場的競爭中更有優勢。

　　出於這種擔心，阿根廷一些大的豆農已經接受了孟山都公司提出的協議，阿根廷農業部門也考慮修改《種子法》，而代表中小豆農利益的阿根廷土地革命聯合會仍在與孟山都公司抗爭。

拯救美國板栗

　　20 世紀之前，板栗是美國東部重要的經濟作物之一。跟中國板栗樹不同，美國板栗樹極為高大，可以長到 30 米高，直徑可達 3 米，生長速度極快。雖然長得很快，但其木質依然很堅硬，可以用於製造傢具、地板和房屋等。更重要的是，樹體含有很豐富的單寧，具有天然的防腐性能，不用進行化學處理，就可以用於柵欄和鐵路枕木。板栗樹能夠提供優質的木材和果實；樹皮也可以提取單寧，用作皮革行業的重要原料；樹葉可以作為飼料餵養牛羊。

　　除了經濟價值外，板栗樹對美國東部的生態系統也至關重要。它不受霜凍的影響，生命力旺盛。森林中的許多動物都以它的葉子為食，松鼠之類的動物更是把板栗作為「主糧」。在大約 80 萬平方千米的森林中，板栗樹佔據主導地位。

　　然而，這種「強大」的板栗樹在栗疫病面前不堪一擊。1904 年，人們在紐約發現了這種毀滅板栗樹的疾病。它由一種真菌導致，這種真菌並非美國「土生土長」的，可能是由日本板栗苗帶到美國的。它以孢子形式，通過空氣、雨滴和動物傳播，如果一棵板栗樹出現破損，它就會乘虛而入。當擴散到樹皮、樹皮底層的維管形成層以及木質之中時，它會導致這些組織壞死，從而阻斷水以及其他營養物質的輸送，最終導致整棵樹死亡。

　　雖然發現了病因，但人類卻束手無策，板栗樹只能坐以待斃。在此後的 50 年中，栗疫病殺死了 40 億棵板栗樹，美國板栗樹幾乎全軍覆沒。橡樹填補了栗子樹潰敗留下的空間，但實在不能替代板栗樹的作用。雖然，橡樹的木質不錯，卻不能產生板栗那樣的食物，對生態系統的貢獻也無法替代板栗樹——森林中的松鼠數量大幅下降，至少有 5 種蛾類瀕臨滅絕。

　　此後的幾十年，美國人只能眼睜睜地看着曾經輝煌的板栗樹愈發凋零。1983 年，一些懷念板栗「輝煌時代」的人成立了美國板栗基金會，致力於拯救這種瀕臨滅絕的物種。這個組織的成員多達 6,000 人，有退休科學家，也有農場主。他們擁有 486 個果園，12 萬棵實驗樹。首席科學家赫巴德在弗吉尼亞的農場裏培育了上萬棵雜交板栗樹，期望從中找到能夠抗栗疫病的

品種。

中國板栗樹矮小，木質不夠硬，但能夠抗栗疫病。如果把美國板栗樹和中國板栗樹雜交，可以得到中美板栗「血統」各 50% 的品種。它能抗病，但其他方面的特性不盡如人意。再把這樣的雜交品種與美國品種雜交，得到了美國板栗血統 75%、中國板栗血統 25% 的雜交品種。這樣反復雜交、篩選，經過 10 多年的努力，赫巴德得到了一個含有 94% 美國板栗血統、6% 中國板栗血統的雜交品種。這個品種像它的美國板栗樹祖先一樣高大，但擁有中國板栗血統中抵抗栗疫病的基因。但是，這個品種比較嬌氣，只能在弗吉尼亞生長，這對於拯救美國東部的板栗來說，作用非常有限。

還有研究者試圖採用真菌病毒攻擊栗疫病菌的方法。這種真菌病毒需要在相近的真菌中才能有效傳播。對於歐洲栗疫病，它顯現了比較好的傳播擴散能力。但是，美國栗疫病變種多樣，這種病毒就顯得力不從心。

基因改造技術的出現為雜交和病毒攻擊遇到的困難提供了解決方案。馬里蘭大學的病毒學家唐努斯通過基因改造技術開發出了傳播能力強的真菌來傳播這種真菌病毒。而其他科學家則直接往美國板栗樹中轉入抗栗疫病的基因（在中國板栗、小麥、辣椒和葡萄中，都發現了這種抗栗疫病的基因）。紐約州立大學植物生理學家比爾 · 鮑威爾和森林生物學家查克 · 梅納德得到了 600 棵基因改造板栗樹。一個品種在轉入了小麥的草酸氧化酶基因之後，顯示出了抵抗栗疫病的能力。如果這種抗栗疫病的基因改造板栗樹得到批准，那麼這將成為第一種獲准在自然界種植的基因改造樹。

不過，基因改造的爭議實在激烈，這些致力於拯救板栗樹的科學家不願意陷入爭論旋渦。他們選擇通過技術來迴避爭吵，努力方向是轉入中國板栗樹的基因來實現抗病性。因為轉入的是另一種板栗樹的基因，類似於反復雜交篩選最後得到的幸運品種。所以他們期望這種沒有轉入外源基因的基因改造作物能夠被更多的反對者接受。

現在，研究者們認為：拯救美國板栗樹需要多種技術相結合（如病毒攻擊和樹種抗菌的攻防結合），成功的概率才會更高。病毒的真菌載體可以通過基因改造技術來改善，而具有抗菌性的樹種則可以通過雜交、基因改造或者二者相結合來獲得。

　　現在的科學家們除了考慮解決栗疫病外，還希望板栗樹品種能同時抵抗其他疾病，比如根腐霉以及多種昆蟲。這種研究思路對於其他物種也具有巨大的參考意義。比如美國、英國的橡樹受到荷蘭橡樹病的侵襲，英國的七葉樹也面臨美國板栗樹當年的狀況，它們的敵人是細菌和蛾類。

番外篇：你需要知道的食物真相

變革讓鵝肝變難吃了嗎？

　　法國的鵝肝被視為世界經典美食之一，法國人也把它當作重要的文化遺產。經過千百年的演變，鵝肝的製作有了一套相對「正宗」的流程。其中的一個要點是，殺鵝取肝後不馬上烹飪，而要將鵝肝冷卻幾個小時。

　　後來，法國政府要求集中宰殺動物，取出的鵝肝必須立刻進行加工處理。這種規定是出於食品安全的考慮──集中宰殺和立刻處理減少了食品被致病細菌污染的機會。但是這樣一來，所謂的鵝肝的正宗加工流程就不得不改變了。當傳統美食不再正宗，會成為假冒偽劣食品嗎？是與時俱進放棄歷史傳承，還是要求法律網開一面？

　　法國人首先考慮的是：這種變革會讓鵝肝變得難吃嗎？

　　要回答這樣一個問題並不容易。首先，人們對於好吃還是不好吃的評價帶有濃重的主觀色彩，面對正宗和不正宗的鵝肝，很多人傾向於給不正宗的更負面的評價。其次，不同鵝肝相差很大，可能有的鵝肝怎麼做都好吃，而有的怎麼做都不好吃。

　　要評估放置幾個小時對鵝肝口味的影響，如何排除其他因素的干擾呢？

　　評估美食，沒有儀器可以勝任，只能由人來承擔。為了排除個人喜好的干擾，首先要對人進行訓練，或者說，把人訓練成「品嘗儀器」。通常需要招募很多人，人數愈多，最後的結果也就愈有代表性，當然評估成本也就愈高。對於鵝肝，組織評估的人會列出外觀、氣味、質地、味道、香味 5 類共18 個指標，比如鬆軟、光滑、黏、酸味、苦味、雞肝味、腐化味等。訓練的過程很枯燥煩瑣，就是拿同樣的鵝肝給大家嘗，然後讓每個人給每一項指標打分，分數區間為 0~20。評分之後，大家對每個鵝肝進行討論，然後形成一個大體一致的分數，每個人根據這個分數來修正自己的評分標準。如此往復，直到大家對同一個鵝肝給出比較接近的評分。這樣，人就被訓練成了一台台檢測儀器，能夠給出比較一致的評價。在經過這樣的訓練之後，這些人對鵝肝的評價會更加敏感，所以他們得出的結論對於普通人來說就顯得相當

廿一世紀吃的真相 ― 食物安全真與假

精確了。

　　檢測儀器的問題解決了，還要排除不同的鵝肝帶來的影響。在評估鵝肝變革的試驗中，選用 30 隻鵝，用同樣的方式餵養。長大之後，把每隻鵝中最大的那葉肝取出來做樣品，分成兩半。一半直接烹飪，另一半按照正宗的流程放置幾個小時之後再按照相同的方式烹飪。這樣，有 60 份鵝肝給訓練過的評估人員品嘗。當然，他們品嘗的時候不知道自己吃到的鵝肝是用何種方式做的。他們要做的事情就是品嘗每份樣品，然後按那 18 個指標分別評分。

　　最後，這些評估結果被收集起來進行統計分析。按照這些指標的評分，所有的樣品可以被分成兩組：一組有一定顆粒感、易碎、有一點雞肝味並且還有一點點食物腐化的味道；另一組則更軟、更滑、更有入口即化的口感。對於鵝肝來說，顆粒感、易碎、雞肝味和腐化的味道都是不好的體驗，而軟、滑、入口即化則是受人歡迎的特色。有趣的是，前一組主要是「正宗」的烹飪過程，而後一組主要是宰殺之後直接烹飪的樣品。也就是說，變革之後的簡化加工流程的「不正宗」鵝肝，反而比傳統的做法要更加美味。

　　科學家們從理論上做出瞭解釋。在鵝肝放置變涼的過程中，肝中的脂肪細胞破裂了一些，而長時間放置也會導致脂肪的氧化。物理化學的儀器分析也發現，經過放置的鵝肝在烹飪過程中失去的脂肪要明顯多於直接加工的鵝肝。鵝肝中的脂肪是鵝肝之所以成為鵝肝的基礎，損失愈少，最後的成品愈美味。

　　作為藝術的烹飪是經驗的結晶。很多經驗蘊藏着科學道理，但也有很多經驗是以訛傳訛。我們如果能打破對經驗的執着固守，去探究一下那些經驗本身是否有理，在經驗中加入科學元素，就可能讓烹飪更加藝術。

當抗衰老被冠以科學之名

　　A4M 的全稱是「美國抗衰老醫學科學院」，其核心業務是抗衰老。A4M 宣稱：「堅信與正常衰老相關的能力喪失是生理功能失調所致，而這些生理功能失調絕大多數可經治療改善，這樣將延長人類壽命和提高個人生活質量。」這個理想當然很美好，不過「堅信」一詞已經暗示了缺乏科學基礎，所以只好靠「信則靈」來支撐。

　　A4M 最核心的抗衰老療法是補充激素。人體的生命活動離不開激素的參與，然而隨著人的不斷衰老，很多激素的含量不斷下降。所以，人們想通過促進激素產生或者直接補充激素來抗衰老，也不算異想天開。不過，一直以來，人們並沒有發現哪種物質或者激素能夠發揮抗衰老的作用。所以，這種想法也就只停留在想的階段。

　　1990 年，《新英格蘭醫學雜誌》發表了一項對照研究。研究者給 12 位 60 歲以上的健康男性注射生長激素，每週 3 次，並以 9 位身體狀況相似的人作為對照組。半年之後，注射生長激素的人體內的類胰島素生長因數 I（IGF-I）的含量上升到了青年人的水準，肌肉和皮膚厚度增加，脂肪下降了。

　　生長激素是腦垂體分泌的一種激素，會刺激類胰島素生長因數 I 的產生，而類胰島素生長因數 I 直接負責生長。在兒童和青少年時代，體內的生長激素和類胰島素生長因數 I 的含量很高，成年以後逐年下降。這項研究說明，補充的生長激素確實發揮了作用。

　　在專業人士看來，這項研究極為初級。首先，觀察到的變化有甚麼價值並不明確；其次，這麼短的時間和這麼小的樣本量，並不足以評價有甚麼樣的副作用。這篇論文迅速被解讀為「注射生長激素可以抗衰老」，並產生了一大批「抗衰老專家」。許多專家宣稱檢測生物學年齡，然後補充生長激素，就可以保持年輕的生物學年齡。

　　在這些「抗衰老專家」中，最成功的就是羅伯特・戈德曼和羅納德・科萊茲。他們在 1993 年創建了 A4M。1990 年《新英格蘭醫學雜誌》上那

項研究的第一作者丹尼爾 • 盧德曼看到自己的研究被如此濫用，極為氣憤，於是聲明用生長激素來抗衰老是不成熟的。遺憾的是，直到他 1994 年去世，他的呼聲也沒有產生甚麼影響。此後他的遺孀試圖把他的名字從抗衰老療法的推銷材料中去掉，但是效果甚微。1997 年，科萊茲出版了一本鼓吹用生長激素抗衰老的書，還宣稱「獻給盧德曼」，把他稱為「生長激素抗衰老」的先驅。

2003 年，《新英格蘭醫學雜誌》譴責濫用這項研究的行為。該雜誌主編指出：這項研究在生物學上很有意思，但是非常清楚其結果「不足以成為療法的理論基礎」。

A4M 宣稱有大量的科學研究支持其主張。後來確實有一些研究重複了盧德曼的結果，即補充生長激素可以增加肌肉、減少脂肪。但這種變化並沒有帶來相應的功能變化，比如力量的增強等。與此相對的是，通過鍛煉可以增加肌肉，這種增加會轉化為力量的增強。此外，研究人員並沒有觀察到補充生長激素使身體發生了其他有意義的變化。也就是説，補充生長激素所帶來的肌肉增加和脂肪減少並沒有改善身體機能，能否健康長壽就更加無從討論。所謂的抗衰老，也只是浮雲。2004 年，波士頓大學醫學中心的托馬斯 • 泊斯指出，雖然一些人宣稱「有 2 萬項研究支持生長激素用於抗衰老療法，但實際上沒有一項設計嚴謹、不帶偏見的研究支持這一用途」。對於這樣的指控，A4M 做出回應：「那些支持生長激素抗衰老的研究才是科學的，反對的研究和評論都是對它的打壓。」

因為生長激素明顯而重要的生理作用，科學界對它的研究也頗多。2007 年，斯坦福大學在《內科醫學年鑒》發表了一篇綜述，系統地總結了健康老人使用生長激素來抗衰老的有效性和安全性。斯坦福大學收集了 2005 年年底之前 MEDLINE（國際性綜合生物醫學資訊書目數據庫）和 MBASE（荷蘭《醫學文摘》在綫數據庫）數據庫中涉及生長激素抗衰老的論文，總共有 18 項研究，31 篇高質量論文。根據這些研究，注射生長激素可以使脂肪下降、肌肉增加，但沒有發現有實質意義的指標發生變化，然而其副作用卻包括軟

組織水腫、關節痛、男性乳房發育以及患糖尿病風險提高等。斯坦福大學的結論是：雖然注射生長激素會讓身體組成有小幅改善，但同時副作用的發生率也增加了，所以生長激素不能被作為抗衰老療法加以推薦。

2009 年，比 A4M 成立更早、致力於生長激素研究領域資訊交流的機構生長激素研究會（GRS）召開了一次國際研討會，對生長激素的研究現狀和方向進行了討論。會議做出的結論是：在臨床上把生長激素用於老人，不管是單獨使用還是與其他激素組合使用，都不能推薦。

許多人認為生長激素是人體自身也會產生的東西，所以補充了也不會有害。事實並非如此。除了斯坦福大學那篇綜述中提到的副作用，1999 年《新英格蘭醫學雜誌》上還發表了一項多中心隨機雙盲對照研究，很值得關注。研究者共找了 500 多名處於重症監護狀態的老人，給他們注射生長激素或者安慰劑。結果，258 名注射生長激素的病人中，有 108 名去世了，而注射安慰劑的 264 人中，去世的有 51 名。在那些挺過了重症監護的病人中，注射生長激素組所需要的住院時間也更長。

因為 FDA 沒有批准生長激素用於抗衰老，所以這一用途的實踐是非法的。在過去的十幾年中，美國有好幾家公司因為非法使用或者銷售生長激素而受到嚴懲。但是，為甚麼 A4M 能夠生存下來，並且不遠萬里來到中國呢？

這是因為確實有一些人不能正常合成生長激素，這種情形被稱為「生長激素缺乏」。這樣的兒童不能正常發育，成人也會有各種症狀。他們使用生長激素的好處大大超過了可能的風險。此外，使用生長激素對其他一些疾病也有比較大的好處，比如愛滋病。所以，生長激素被 FDA 批准作為處方藥，在醫生認為必要的時候可以使用。

在美國，醫生還可以對藥物進行超適應證的使用。如果醫生認為有必要，也可以把藥物用於 FDA 沒有批准的用途。超適應證的使用有很大的灰色空間，FDA 監管起來也不容易。想要用生長激素來抗衰老的人，也就有了空子可鑽。

A4M 用生長激素來抗衰老已經有 20 年歷史了，但是它的有效性和安全性都依然缺乏科學證據的支持。要確認或者否定這種想法，還需要更多設計

嚴密、數據可靠的研究。

　　除了生長激素，還有其他一些激素被用於抗衰老，比如雌激素、睾酮、脫氫表雄酮（DHEA）等。這些激素跟生長激素一樣，安全性和有效性都缺乏科學支持。

花生帶來死亡之吻？

2005 年 11 月，加拿大魁北克的 15 歲少女克里斯蒂娜 · 戴福士在昏迷 9 天之後被宣告死亡。她是一位嚴重的花生過敏患者，在昏迷之前曾經與男友接吻，而男友在那之前曾經吃過帶有花生醬的麵包。所以，克里斯蒂娜的死因被解釋為，殘留在男孩口中的花生成分引發過敏，最終導致她香消玉殞。

這個消息很快就佔據了許多媒體的頭條。加拿大電視網（CTV）、美國哥倫比亞廣播公司（CBS）、英國廣播公司（BBC）等都報道並且採用了這一對死因的推測。加拿大食物過敏協會更是準備用這個病例來發起一場關於食物過敏的教育運動。

花生過敏，到底是怎麼回事呢？

誤認花生作敵人

過敏源於人體的免疫機制。當非身體的「異物」闖入的時候，人體的免疫機制就會做出相應的反應來消滅入侵者，花生過敏就源於身體對花生的入侵反應太過激烈。

大多數人吃下花生，身體都會把它消化、吸收，不會把它當作「敵人」。而對於過敏體質的人來說，當花生中的某些蛋白質第一次進入體內時，他們的身體就如臨大敵，經過層層動員和一系列連鎖反應，最後產生了一種被稱為 IgE 的蛋白質。等到下一次花生中的那些蛋白質再次光臨，IgE 就會啟動相應的「反恐機制」來應對。而這種反應太過小題大做，產生的一些物質（如組胺等）對人體自身的損傷遠比「敵人」的危害大。花生中引發 IgE 和過敏的蛋白質被稱為抗原，而因為小題大做對自身造成的損傷就是「過敏」。

在美國，大約有 1% 的人（約 300 萬人）對花生過敏。嬰兒過敏的比例要高於成人，不過約有 20% 的嬰兒長大後過敏反應會消失。

花生過敏的症狀主要表現在皮膚、胃腸和呼吸道上。皮膚症狀通常有風疹、水腫和瘙癢等，胃腸症狀包括急性嘔吐、腹痛和腹瀉，呼吸道症狀則有喉頭水腫、咳嗽、嗓音改變以及氣喘等。這些症狀不一定同時發生，也可能伴有其他症狀，比如低血壓和心律失常。這些初期症狀可能在過敏者吃下花生後立刻發生，也可能兩個小時後發生。在初期症狀消退之後，大約還會有 1/3 的過敏者發生次級症狀。次級症狀更難恢復，而且可能會危及生命。

因為過敏症狀與其他一些疾病的症狀相似，因此花生過敏的診斷並不容易。通過經驗來判斷一個人是否對花生過敏是相當靠不住的。在醫學上，皮試可以提供是否過敏的可能性，但是不能提供過敏有多嚴重的資訊。花生過敏會帶來體內特定的 IgE 升高，通過抗體反應檢測 IgE 的濃度是另一條重要依據。不過，這種檢測有相當程度的假陰性的可能，即檢測結果是不過敏，但是實際可能過敏。在良好的控制條件下，吃花生來測試是否過敏是最可靠的，不過這多少有點「以身試法」的感覺，相當危險，需要在醫生的指導下進行。

引發過敏，需要多少花生？

一切毒性都要在一定用量之上才能發生，那麼多少花生才會引發過敏呢？因為吃了帶有花生醬的麵包而殘留在口腔中的花生成分，就足以造成死亡嗎？

在克里斯蒂娜事件的報道中，絕大多數媒體都接受了花生醬帶來「死亡之吻」的解釋。然而在數月之後，負責這個案子的驗屍官米歇爾·米倫公佈了檢驗結果：她並非死於花生過敏，而是死於嚴重哮喘導致的腦部缺氧。事發前，克里斯蒂娜參加了一個有吸煙者的聚會，凌晨 3 點左右她暈倒前曾說感覺呼吸困難。根據檢驗結果推測，克里斯蒂娜應該還吸食了一些大麻。米歇爾·米倫還指出，克里斯蒂娜的男友吃帶花生醬的麵包是在吻她 9 個小時之前，而殘留在唾液中的花生過敏原一般在一小時內就會消失。

這個「死亡之吻」的案例之所以吸引了那麼多媒體的關注，很大原因是

這樣少的花生量也能引發過敏。雖然這最後被證實並非事實,但許多研究確實檢測過引發過敏所需的花生劑量。根據不同來源的研究,一般認為幾毫克的花生蛋白就可以引發過敏。一顆花生所含的蛋白在 300 毫克左右,也就是說一顆花生的 1% 足以引發過敏反應。

因為引發過敏所需的花生蛋白的量實在很少,所以不僅僅是花生,任何含有花生成分的食物,都有可能引發過敏。比如說,精煉的花生油不含有花生蛋白,對花生過敏者來說應該是安全的,但是冷榨或者提取的花生油中可能含有少量蛋白,就有可能引發過敏。那些裝過花生醬等花生製品的容器,再用來盛裝其他食物的話,也可能「污染」後來的食物,使其含有過敏原。

過敏者的艱難生活

就目前的醫學進展而言,花生過敏還是不治之症。一旦確診對花生過敏,唯一可行的方案就是避免吃花生以及含有花生蛋白的任何食物。因為所有治療手段都是過敏發生之後的治療,並不能根除過敏,等到下一次誤食花生,過敏反應還是會發生。

因為引發過敏所需的花生蛋白量實在太低了,花生過敏者必須避免任何可能含有花生成分的食品。可是在當今社會,許多現成的食品中都含有多種原料,很可能其中的某些原料就含有花生成分,或者被花生成分「污染」過。所以,花生過敏者的日常生活就會受到很大影響,這種影響甚至比其他慢性疾病(比如糖尿病)更大。他們不能吃任何來源不明的食物,不能在外就餐。而且,這不是一天兩天的事情,而是終生「徒刑」,不管堅持了多久,只要疏忽一次,輕則進醫院,重則危及生命。

對於花生過敏的孩子,父母的責任就更加重大。因為孩子不懂得如何保護自己,誤食含有花生或者被花生「污染」的食物是很有可能發生的事情。父母必須做好應急預案,不管是在家裏還是出門在外,都要時刻關注孩子的舉動,一旦有過敏症狀出現,必須服用相應的藥物控制病情,或者立刻送往醫院處理。

如果過敏者除了對花生過敏外,還對其他食物過敏,那麼他的生活就更加艱難了。理論上說,少吃幾種食物不會影響健康。但是,如果過敏的食物

廿一世紀吃的真相 — 食物安全真與假

比較多，加上許多食物中會有「混進」過敏原的可能，他們可以選擇的食物就會少得可憐。人體對營養成分的需求很複雜，可選擇的範圍愈小，滿足營養需求的困難就愈大。尤其是對於花生過敏的孩子，如何讓他們獲得均衡全面的營養而又不「犯禁」，實在是一件很不輕鬆的事情。

科學家們在幹甚麼？

食物過敏，尤其是花生過敏，對社會的影響是如此巨大，自然也就引發了許多科學家的關注。從生物、醫學到食品，都有大量的科學家在對它窮追猛打。許多公眾關心的問題，也是他們研究的熱點。

關於過敏最常見的一個問題是：為甚麼過敏的人愈來愈多？美國的一項調查顯示，1997-2002 年，花生過敏的發生率翻了一倍。

一種猜測和解釋是診斷技術的改變和人們的關注。在美國，人們對過敏的關注程度高，過敏基本上是難逃醫生的法眼。

對於食物過敏，目前還沒有有效的治療手段，患者只能通過嚴格避免過敏原來避免過敏的發生。有人通過傳統的免疫療法來脫敏，即從無到有，少量到大量地讓患者接觸過敏原。這種方法有過成功的例子，然而雖然這種方法簡單易操作，但是還沒有得到相關部門的認可。其他更安全的免疫療法也有很多研究，有一些在動物身上獲得了成功，不過應用到人的身上，要走的路還很遠。樂觀估計，幾年之內可能會有有效的療法出現，即使不能完全治癒，能夠提高引發嚴重過敏症狀（比如危及生命）所需的抗原量，也是很有意義的。

還有一些研究者致力於研發不含過敏原的花生，最有效的當然是通過生物技術改造花生。如果說抗原相當於一盤菜，那麼抗原的 DNA 就相當於菜譜。從菜譜到把菜上桌，牽涉許多步驟。生產無過敏原花生的技術原理大致如此——對從 DNA 到生成抗原過程中的某一步進行操作，從而使得最後合成的蛋白質失去「作惡能力」。不過，這種方法的難度在於，花生蛋白中的過敏原很多，現在知道的就有 8 種。讓每一種過敏原都「保持沉默」需要進行太多的基因修飾，這樣最後得到的是不是花生就很難說了。

番外篇：你需要知道的食物真相

2007 年，美國北卡羅來納農工州立大學食品科學系副教授穆罕默德‧艾赫邁納曾經宣稱，通過某種加工過程把普通花生變成了無過敏原花生。這一新聞當時被廣泛報道，不過後來沒有出現進一步的消息。

形形色色的過敏原

理論上說，任何食物都可能導致過敏。FDA 收到的報告顯示，有超過 160 種食物會引發過敏。其中，最主要的有 8 種：牛奶、雞蛋、花生、堅果（如杏仁、胡桃等）、大豆、小麥、魚、某些海鮮（如螃蟹、蝦、龍蝦等）。美國人中 90% 以上的食物過敏源自這 8 種食物，所以，在美國銷售的所有商品中，如果含有這些成分必須標明。比如，如果某種餅乾使用了卵磷脂作乳化劑，就必須標明含有大豆過敏原。

在美國，每年因食物過敏到醫院急診的人次可達 3 萬，其中有 150~200 人失去生命。在不同的人群中，高發的過敏食物有所不同，比如在歐洲，對芥末和芹菜過敏的人很多；在日本，對大米過敏的不少；而在北歐，對鱈魚過敏則比較常見。

鹹魚致癌，是真是假？

鼻咽癌是一種發生率很低的癌症。在歐美國家的發生率在十萬分之一左右。但是，它卻分外「偏愛」中國華南地區的人。數據顯示，華南地區男性中鼻咽癌發生率為十萬分之十至十萬分之二十，女性發生率為十萬分之五至十萬分之十。在廣東的某些地區甚至高達十萬分之五十。

1970 年，有學者提出這一現象可能是三種因素互相作用的結果：基因不同、過早感染 EBV 病毒和食用鹹魚。EBV 是一種比較廣泛的病毒，並非華南獨有，也就沒有引起太多注意。至於基因，有一些流行病學調查發現：華南地區的人移民到了美國、加拿大等地之後，依然保持着鼻咽癌的高發生率；但是他們的後代的發生率就開始下降了。研究者認為，這是由於這些移民後代逐漸放棄了祖輩的生活方式所致。所以，基因因素也就沒那麼引人關注了。

於是研究的關注點集中到了鹹魚身上。不過，研究膳食對癌症的影響並不容易，起碼不能拿人做對照試驗。多數的研究都是病例－對照研究。做得比較完善的是 1986 年發表的針對香港青年的調查。該項研究找到了 250 名鼻咽癌患者作為病例，讓他們各自提供一名年齡相近、性別相同的親戚或者朋友，這樣就得到了 250 名沒有鼻咽癌的對照樣本。通過問答的方式，研究人員讓他們提供工作和生活方面的資訊，並且通過他們的母親瞭解他們兒童時期的飲食構成。最後，這項研究獲得了 127 組病例——對照數據。通過分析這些數據，研究人員發現導致鼻咽癌的最顯著因素是兒童時代食用鹹魚。當然，這並不是說吃了鹹魚就一定會得鼻咽癌，而是說兒童時代吃鹹魚會使得鼻咽癌的概率大大增加。在對收集的數據進行統計分析之後，這項研究的作者認為「香港青年中鼻咽癌患者有 90% 以上是由吃鹹魚，尤其是兒童時期吃鹹魚導致的」。其他幾項病例——對照研究也支持了鹹魚使鼻咽癌風險增高的結論。所以，國際癌症研究機構（IARC）把中式鹹魚列為第一類致癌物，意思是它對人體的致癌能力有充分的證據支持。在小鼠實驗中，也可以得出類似的結果。

為甚麼鹹魚，尤其是中式鹹魚，會致癌呢？據推測，鹹魚是魚經過高濃度的鹽醃制的產物，中式鹹魚有脫水的步驟，在這個過程中會生成一些亞硝

番外篇：你需要知道的食物真相

基化合物。這些亞硝基化合物（如亞硝基二甲胺），在體外試驗中顯示了致癌性。但這些亞硝基化合物誘發鼻咽癌的機制還不清楚。不過，人類認定一種食物致癌並不需要確鑿的證據，前面的那些病例 - 對照研究和動物實驗就已經足夠定罪了。世界衛生組織和聯合國糧食及農業組織聯合專家組發佈的《膳食、營養與慢性病預防》中，明確指出有充分致癌證據的膳食因素分別是肥胖、酗酒、黃曲霉素和中式鹹魚。我們津津樂道的那些「洋致癌食物」反倒榜上無名。

但是在現實生活中，我們並沒有感覺到鹹魚這樣的食物會致癌。一方面，這些東西是傳統、天然、沒有經過工業加工的。而且，因為我們又無法確定古人有沒有得過癌症，於是堅信祖先們吃的東西就是安全的。另一方面，鼻咽癌這樣的病發生率很低，即使是廣東的那些高發地區，發病總量也只是十萬分之幾與十萬分之幾十，差別非常有限。

對於多數吃鹹魚的人來說，人們並不會因此就患上鼻咽癌。而科學研究的結果只是告訴我們：經常吃鹹魚，尤其是在兒童時期經常吃，會把一種很小的可能性放大十幾倍。具體到個人，是避免這個增加十幾倍以後依然不大的可能性，還是享用鹹魚的美味，才是人們應該把握的選擇權。

當螺旋藻卸去盛裝

螺旋藻不是中國的特產。早在 16 世紀，西班牙探險者就在墨西哥發現了當地人把這種長在湖裏的東西當作食物。20 世紀 40 年代，法國藻類學家丹格爾德報告了非洲查德湖畔的居民食用這種藻類。20 多年後，科學家們瞭解了它的生化組成，它才吸引了廣泛的關注。後來一個叫 IIMSAM（利用微型螺旋藻類防治營養不良）的政府間機構成立，對它進行推廣。

螺旋藻進入中國研究者的視野是在 20 世紀 80 年代初，幾年後進入市場，很快獲得了巨大成功。根據聯合國糧食及農業組織提供的數據，2004年中國的螺旋藻產量超過了 4 萬噸。在鋪天蓋地的推銷宣傳裏，這種本來窮人充饑的野菜，被罩上了一個個神奇的光環。

公眾面前的螺旋藻就像藝術照裏的美女，風情萬種。可如果卸去了盛裝，那麼它又會是甚麼樣子呢？

螺旋藻的光環後面

有不止一個關於螺旋藻的宣傳中提到了聯合國糧食及農業組織宣稱螺旋藻是「21 世紀最理想的食品」。但是在 2008 年聯合國糧食及農業組織發佈的關於螺旋藻的報告裏，完全沒有這樣的讚譽。這份報告介紹了螺旋藻在保健品開發中的功能，最後推薦的進一步開發方向是：解決貧困地區的營養問題，廢水處理，代替部分家禽、牲畜以及漁業養殖的飼料以降低生產成本，在緊急狀況下暫時解決糧食問題。

最有意思的是，有一項研究發現，如果用螺旋藻代替 50% 魚飼料，魚的生長不受影響；當超過 75% 時，魚的生長就大受影響。「暫時解決糧食問題」更多是一種應急措施，意思是在遭受洪水、颱風或者其他自然災害之後，在常規糧食生產無法進行的情況下，可以用螺旋藻來充饑。

中國市場上的保健品推銷中很喜歡拿 FDA 來說事，比如在網絡搜尋引擎中，可以發現有 FDA 認為螺旋藻是「最佳蛋白質來源」這樣的表述。然而，

FDA 對於食品和膳食補充劑的功能認可是完全公開的，在「健康宣示」或者「有限健康宣示」的列表中，壓根沒有螺旋藻的影子。FDA 對於它的正式態度，只是對於生產廠商提交的安全性備案「沒有異議」。意思是：該生產商認為按照它們的生產流程、產品指標以及用途，它們的螺旋藻產品沒有安全性的問題，而 FDA 對此表示認可。

FDA 沒有審查和認證螺旋藻的任何保健功能。相反，對於其宣稱的功能，FDA 還幾次提出了警告甚至處罰。1982 年，一家公司因為宣稱它的螺旋藻產品能夠減肥以及對糖尿病、貧血、肝臟疾病、潰瘍等有療效而被罰款 22.5 萬美元。2000 年，另一家公司申請宣稱螺旋藻含有「健康的膽固醇」，也被 FDA 否決。2004 年，一家公司在其網站上宣稱其螺旋藻產品可以「抗病毒」、「抗過敏」、「降低膽固醇」，被 FDA 警告限期糾正。2005 年，一家公司因在其網站上宣稱螺旋藻可以防癌而被警告。

螺旋藻的盛裝是如何製作的？

從生化組成的角度來説，螺旋藻確實有特別之處。它的蛋白質含量很高，最高能佔到乾重的 70%，組成蛋白質的氨基酸組成也比較接近人體需要。在它含有的脂肪中，多不飽和脂肪酸的比例很高。它的維他命含量也很高，尤其是 B 族維他命、維他命 C、維他命 D、維他命 E 以及類胡蘿蔔素。它的礦物質含量也比較豐富，比如鉀、鈣、鉻、鈷、鐵、錳、硒、鋅等。此外，它還含有比較多的色素。這些成分對於人體營養都是有意義的，所以人們確實曾經對它寄予厚望，説它是一種優秀的食品也不為過。

在螺旋藻的「盛裝製作」中，核心技術之一是偷換概念。比如，本來是好的食品，不知不覺卻被炒作成神奇保健品。食品和保健品的關鍵區別在於，食品需要大量地當飯菜吃，就像墨西哥和查德湖畔的居民那樣，用它來代替常規食物。螺旋藻中含的蛋白質的確比較優質，但還是不如雞蛋、牛奶中的蛋白質。而且，這個「優質」其實指的是單吃一種蛋白質滿足人體氨基酸需求的效率。我們要吃各種食物，各種不那麼「優質」的蛋白質互相補強，結果同樣可以高效滿足人體需求。所以，這個「優質」本身並沒有太大的意義。把蛋白質含量高説成「優質蛋白質來源」，更是誇大其詞。螺旋藻的蛋白質含量確實比其他食物高，但是作為保健品，每天吃 5 克螺旋藻乾粉已經花費不菲，但其中所含的蛋白質不過 3 克左右，跟 100 毫升牛奶相當，還不

廿一世紀吃的真相 — 食物安全真與假

如 50 克豆腐的蛋白質含量多。所以 FDA 和美國癌症研究會（AACR）都認為，考慮到螺旋藻製品的服用量，它所含的蛋白質基本可以忽略。生產商關於不飽和脂肪酸的鼓吹更是自相矛盾：一方面，宣稱螺旋藻是高蛋白低脂肪食品；另一方面，宣稱多不飽和脂肪酸的比例高（實際上是多不飽和脂肪酸佔總脂肪的比例高）。螺旋藻中總的脂肪含量本來就低，所以多不飽和脂肪酸的總量也就少得可憐。每天吃 5 克螺旋藻，其中的脂肪大概有 0.3 克，其中的不飽和脂肪酸只有幾十毫克，而 1 克豆油中的不飽和脂肪酸含量就有幾百毫克。跟飯菜中的多不飽和脂肪酸相比，完全可以忽略不計。其他的營養成分也是如此，在螺旋藻中可能比例較高，但是它對於滿足人體需要的意義更取決於人們每天能吃多少螺旋藻。

用螺旋藻中營養成分的生理功能來鼓吹其保健價值，是螺旋藻盛裝製造的核心技術之二。人體需要多種大量和微量的營養成分，前者指的是蛋白質、脂肪和碳水化合物，後者指各種維他命、礦物質等。缺乏任何一種成分，都會影響身體的正常運轉，甚至導致一個人生病。因螺旋藻中含有某種成分，就將其包裝成對身體健康有「保健作用」，甚至成為能夠「防治某種疾病」的保健品，這種看起來很「合理」的推理，實際上只有在人體缺乏某種營養成分的情況下才能成立。比如說，那些貧困地區的人，蛋白質攝入不足，如果每天能有螺旋藻吃的話，就可以解決蛋白質缺乏導致的不良後果。或者有的人飲食中缺乏螺旋藻富含的維他命或者礦物質，如果吃了足夠量的螺旋藻，也可以防治相應的症狀。只是問題在於：用來購買相應數量螺旋藻的錢，完全可以購買更多的常規飲食來解決這些營養不良問題！使用「保健作用」的推理方式，我們可以把任何一種食物都包裝成「保健品」。

螺旋藻的保健功能，有多少依據？

聯合國糧食及農業組織以及聯合國健康與環境組織等國際組織對螺旋藻的積極態度，其實是着眼於它可能有助於解決糧食短缺的問題。聯合國環保與健康組織強調的螺旋藻的優勢在於它對耕地和水的要求不高、生產成本低、作為糧食的價值比較高，因此有利於人類的可持續發展。但是，這種態度被商家心照不宣地藏了起來，而把螺旋藻「精心包裝」成神奇保健品。

實際上，那些買得起螺旋藻保健品的人，根本就不存在缺乏甚麼營養成分的問題。他們對螺旋藻的追逐，是希望它對身體產生神奇的作用，甚至用

於防治疾病。消費者相信：那麼多人體需要的有益成分在一起，加上存在的人類還不知道的成分，總會有甚麼特別的效用。

螺旋藻是不是有那些神奇效用，最終還是需要用螺旋藻來做實驗而不是通過理論來推理。實際上，這一類的研究已經進行了三四十年。傳說中或者推測中的功能很多，經過正式科學論文發表的也有 10 種以上。有很多是動物實驗，也有一些是小規模的人體實驗。許多研究顯示了一些有效的結果，這些結果往往被商家過度解讀，言之鑿鑿地告訴消費者，科學研究表明螺旋藻有甚麼功能。然而從科學的角度來說，這些都是很初步的研究，即使是研究者，也往往只會說可能有甚麼功能，需要進一步的研究。如果一項功能的科學證據在 20 年前是「很初步，有待進一步研究」，10 年前還是「很初步，有待進一步研究」，到了現在依然是「很初步，有待進一步研究」，那麼它的功效是否真的存在就很難說了。

美國國家衛生研究院（NIH）和美國國家醫學圖書館（NLM）匯總了公開發表的科學論文中對於螺旋藻保健功能的研究，這些論文對糖尿病、高膽固醇、過敏、抗癌、減肥等 8 種功能的研究質量評價是 C 級，意思是「關於該功能沒有清楚的科學證據」；而對疲勞綜合症和慢性病毒性肝炎研究質量的評價是 D 級，意思是「有一些證據認為沒有這種功能」。對於螺旋藻的總體評價則是：基於目前的研究，對於支持還是反對螺旋藻的任何保健使用，都不能做出推薦。世界衛生組織在 2008 年公佈的《6 個月到 5 歲中度營養不良兒童的食物與營養成分選擇》中，對於螺旋藻的推薦意見是「有些研究顯示螺旋藻對於改善兒童中度營養不良可能有一定幫助，但是應該進一步研究」，遠遠比不上對蔬菜、水果、牛奶、雞蛋的態度積極。

卸裝之後，它是一種不錯的野菜

總的來說，如果生產條件合格，沒有重金屬污染的話，螺旋藻是一種很安全的野菜。跟蘿蔔、白菜相比，它的營養成分比較豐富。如果它的價格跟普通蔬菜相差不大，那麼就可以像海帶一樣成為健康食譜的一部分。不過，指望靠每天吃上幾克螺旋藻來治病強身，從目前的科學證據來看，實在是一件很不可靠的事情。

廿一世紀吃的真相 — 食物安全真與假

從小麥草到大麥青汁

有一種極紅的飲品叫「大麥青汁」。最初是網購而來，後來日本公司在中國建廠生產。所謂大麥青汁，是將長到 20~30 厘米時的大麥幼苗打成汁或乾燥成粉。「大麥若葉青汁粉」還加了甘薯嫩葉、甘藍嫩葉以及青橘等天然植物，宣稱有排毒、改善酸性體質、減肥等功效。

大麥青汁可以算是小麥草療法的日本版。小麥草在國外並不是新鮮事物，它的傳說從 20 世紀 30 年代就開始了。小麥草療法的創始人是安‧威格莫爾，她給自己弄了一堆頭銜，甚至還建立了一個研究所。她提出小麥草療法的依據是《聖經》。《聖經》中有個古人吃了幾年的野草，所以威格莫爾得出結論草是可以治病的。此外，貓、狗在某些情況下也會去吃一些青草，於是吃草治病在她看來也就有了大自然的啟示。

最初的小麥草療法能治的是一些諸如感冒、發燒之類的小病小痛，後來就擴展到了糖尿病、癌症、愛滋病等疑難雜症，以及增強免疫力、排毒等時髦的保健功能。威格莫爾認為，小麥草中的葉綠素跟人體中的血紅素一樣，都攜帶氧，因而喝小麥草汁能夠讓血液中的氧含量增加，還能清除毒素。此外，小麥草中還含有維他命、礦物質、酶以及其他營養成分，威格莫爾認為這些營養成分，尤其是葉綠素，經過加熱之後會失去活性，所以一定要生吃。

小麥草療法很快有了大量的追隨者。即使是在威格莫爾去世多年後的今天，堅信小麥草神奇療效的也大有人在。這種療法引起了科學界的注意，也真的有人以用小麥草治病作為研究課題並發表學術論文。2002 年，就有一篇針對使用小麥草來治療大腸炎的論文。論文中提到的是一項隨機雙盲對照試驗，幾十個大腸炎病人被分成兩組，一組採用常規方法處理，一組喝一定量的小麥草汁。過了一段時間，喝小麥草汁的那一組病人狀況似乎要好一些。這就是迄今為止小麥草治病最靠譜的實驗。但是這項實驗本身的樣品量很少，也說明不了甚麼問題。而且 10 多年過去了，也沒有人重複這樣的結果，也就不由得讓人生疑。

威格莫爾宣稱小麥草中的葉綠素相當於人體的血液，所以小麥草汁被

番外篇：你需要知道的食物真相

追隨者們當作「補血」的良方。印度人在這方面比較熱衷，並於 2004 年發表了一篇論文，說是有 16 個地中海貧血症患者在食用小麥草汁一年後，有 8 個病人的輸血需求量減少了 25% 以上。雖然這樣一項沒有對照的實驗沒有學術意義，卻還是引起了人們的關注。畢竟，這樣的療法沒有顯示出副作用，哪怕只是減少輸血需求，也是很有價值的。有人試圖重複這一實驗，然而 2006 年發表的另一項類似的實驗，結果卻否定了小麥草汁的這一功效。在該實驗中，53 個地中海貧血症患者進行了一年的小麥草療法，輸血需求量沒有出現任何下降。

威格莫爾宣稱小麥草幾乎可以治療各種大小疾病。然而卻都沒有科學證據的支持。在美國，威格莫爾還兩次因為她的主張可能誤導病人而被起訴。

小麥草療法的核心理論除了「葉綠素相當於血紅素」之外，還有一個是關於酶的奇效。酶是體內生化反應的必需品，這本身無可爭議，但由此說小麥草中的酶進入人體就有功效就是天方夜譚了。所有的酶都是蛋白質，它們發揮功能的前提是保持原本的天然結構。加熱確實會破壞它們的結構從而讓它們失去活性，但是即便生吃，其進入胃腸之後也會被消化分解。這對酶的破壞是釜底抽薪的，比加熱要徹底得多。所以，不管小麥草中有甚麼樣的酶，即使是生吃，也沒有實驗觀察到它們被吃到肚子裏之後發揮了特殊的作用。

當然，小麥草作為一種植物，含有相當多的維他命、纖維素以及礦物質等，這些物質對人體健康是有意義的。但是其他的綠色植物中也同樣含有這些物質。跟許多常規的蔬菜相比，小麥草中所含的這些物質不見得更多，也沒有任何優越的地方。雖然小麥草沒有顯示出副作用，不過，就像生吃任何蔬菜一樣，還是需要注意衛生的。

跟小麥草相比，大麥青汁只是把小麥換成了大麥，並且採用現代技術增加了「乾粉」的產品形態，其宣稱的功效和原理跟小麥草如出一轍：「利用富含的食物纖維排除腸道內毒素」「利用葉綠素淨化血液、消炎殺菌、排除重金屬和藥物毒素」「利用 SOD（超氧化物歧化酶）等活性酶排解農藥、化學毒素」「用鈣、鉀等大量礦物質鹼性離子中和體內酸性毒素」等。讓我們來逐一解析。

首先，飲食中的膳食纖維的確對人體有益，不過要它「排除腸道內毒素」

只是一廂情願。可溶性膳食纖維可以帶走一些膽固醇，不過膽固醇也不能稱為毒素。更重要的是，如果大麥青汁是經過過濾的，其中的纖維就很少，即使是直接打成的粉，從中獲得的膳食纖維跟人體需求相比也是杯水車薪。按照營養學上的推薦，成人每天應攝入的膳食纖維在 25 克以上，而大麥青汁的服用量每天不超過幾克，而且纖維素只是其成分之一。

其次，「葉綠素淨化血液」也沒有任何科學依據。曾有過一些研究探索口服葉綠素對健康的作用，但迄今為止「沒有證據足以做出判斷」。

再次，所謂「SOD 等活性酶排解農藥、化學毒素」，更是信口開河。通常所說的酶是蛋白質，如果吃到肚子裏經過胃酸和消化液的洗禮後還能保持活性的話，那麼它早被科學家們當寶貝研究了，不會如此默默無聞。SOD 是超氧化物歧化酶，即使在完全活性狀態下也只對超氧化物起作用，對於農藥和化學毒素根本無能為力。

最後，「酸性體質致病」本來就是偽科學宣傳，「食物酸鹼性」也是一種沒有實際意義的分類。實際上，人體有精密的酸鹼調節體系，不管吃甚麼食物，都無法改變身體的酸鹼性。

因此，不管是小麥草還是大麥青汁，它們最大的特色就在於基本上不會有害。它們畢竟來自綠色植物，也含有較多維他命、纖維素以及礦物質。只不過，它們有的，其他綠色植物同樣有。跟許多常規的綠色蔬菜相比，它們的營養成分不見得更多，也不見得更優越。

番外篇：你需要知道的食物真相

奶、茶同喝，會破壞營養嗎？

　　很多人問過奶、茶同喝是否會破壞其營養，不過中國人喝茶加奶的並不多，相比之下，英國人才要更關心這個問題。

　　英國人喝茶的歷史也很悠久，但傳統上，英國人總是把牛奶和紅茶混在一起喝。經過現代科學的調查，喝茶多的人群中心血管疾病等慢性病的發生率要低一些。科學家們推測是茶中的多酚化合物起了作用。這些多酚化合物通常被稱為「茶多酚」，具有抗氧化功能，能夠減輕細胞受到的氧化損傷。但是，牛奶中的蛋白質可能與多酚化合物結合。這種結合是否會影響喝茶的功效，就引起了人們的關注。雖然牛奶加茶的喝法由來已久，但是這個問題還是引發了許多科學研究。

　　在科學上，有許多方法可以檢測一種物質的抗氧化活性。科學家檢測泡好的茶水，發現其的確有相當不錯的抗氧化活性。如果在茶水中加入英國人喝茶時通常加入的牛奶量，那麼其抗氧化活性便會大大降低。

　　這似乎表明牛奶確實可以抑制茶的「保健功能」。不過，這種抑制是牛奶與多酚的結合導致的，而喝到肚子裏之後，蛋白質會被分解消化，多酚完全可能被釋放出來。這些多酚是否能被吸收？是否還具有活性？這是更重要的問題。

　　於是科學家們需要設計其他的實驗來回答這樣的問題。他們找來一些志願者，讓他們餓了一晚上之後，先抽血，然後給他們喝一杯茶，之後每隔幾十分鐘再抽一次血。一方面，科學家可以直接分析這些血中的多酚化合物含量；另一方面，他們可以直接檢測血液的抗氧化活性。幾天之後，科學家們又招來這些志願者，又對他們進行了一次實驗，不過這次讓他們喝的是加了牛奶的茶水。

　　科學家們通過分析志願者的血液樣本，可以畫出一條曲綫來描述喝茶之前和之後一段時間內血液中多酚化合物含量（或者抗氧化活性）的變化。結果顯示：喝茶後，血液中的多酚和抗氧化活性逐漸升高，不同的茶會在不同的時間達到一個最大值，然後逐漸下降，直到恢復喝茶前的水準。

廿一世紀吃的真相 — 食物安全真與假

在 1996 年 1 月出版的《歐洲臨床營養學雜誌》上，意大利科學家發表了這樣一項研究。他們發現的結果是，當茶中加了牛奶之後，抗氧化活性被完全抑制了。這個結果跟其他科學家做的試管實驗結果一致。不過，他們自己的試管實驗卻顯示喝牛奶對於抗氧化活性沒有影響。這個結果有點出人意料。其他科學家們也陸續進行類似的實驗。1998 年 5 月，荷蘭科學家也在該雜誌上發表了類似的研究。他們直接檢測血液中的兒茶素的含量（兒茶素是最重要的茶多酚），結果是：茶中加牛奶，對兒茶素的吸收沒有任何影響。

兩項結果相互衝突。不過，在健康領域，這樣的情形並不少見。至此，「牛奶到底會不會影響茶多酚的吸收」這個問題，還需要其他科學家的更多的實驗來驗證。在隨後的 10 多年中，荷蘭、印度、英國的科學家們又進行了其他一些實驗，結果都表明牛奶不影響茶水中多酚物質的吸收。

這樣，這個問題似乎塵埃落定了。不過，這其實只是證明了一點，不管茶水中加不加牛奶，我們都可以獲得同樣多的茶多酚。這些茶多酚到了體內，是不是真的起到「保健作用」，也還是未知數。雖然說流行病學調查顯示喝茶多的人心血管疾病等慢性病的發生率要低，但這完全有可能是這些人的其他生活方式導致的。比如說，他們往往吃得更健康。要說明喝茶的「保健作用」，還是需要更多的科學數據。

因為綠茶中的多酚化合物遠比紅茶要高，所以一般認為綠茶更有保健作用。FDA 曾經對「綠茶抗癌」的 223 篇論文分別進行了分析，認為只有幾項研究能夠說明問題，但結果並不一致。有的顯示無效，有的顯示有微弱作用，而現實有用的研究，後來沒有得到其他研究者的重複。於是，FDA 做出的結論是：綠茶「相當不可能」具有抗癌的作用。

其實，茶多酚能否被吸收，吸收之後能否起到保健作用，並不是那麼重要。無論如何，茶都是一種很好的飲料。它不含糖，不含鹽，幾乎沒有熱量，能解渴，這就是茶最好的作用。

全食物養生法，
對科學理論的偽科學演繹

「全食物養生法」對於養生愛好者具有相當大的吸引力，其倡導者宣稱這種神奇養生法的依據是「抗血管新生療法」。

「抗血管新生療法」是腫瘤治療中的一種理論。它的原理是：癌細胞因正常細胞在複製過程中出錯而產生，早期腫瘤由 60~80 個聚在一起的出錯細胞組成。這些早期腫瘤會遷移到血管附近去獲取營養，進一步擴增長大。當長到 1,000 萬個細胞時，就會達到大約 0.5 立方毫米大小。如果從附近血管擴散來的營養物不夠多，早期腫瘤沒有足夠的營養進一步生長，癌細胞的增生和死亡就會處於平衡。在這種情況下，腫瘤就不會進一步惡化。

如果存在「血管新生因數」，腫瘤中就可以長出新的血管。有了血管，腫瘤細胞就可以獲得充足的養料，從而快速生長，腫瘤也因此會迅速惡化。所以抑制這種新生血管的形成，就成了抑制腫瘤生長的辦法。這就是「抗血管新生療法」。

這種療法在 1971 年才被提出來，很快取得了巨大進展。

20 世紀 80 年代，醫學界開始了臨床研究。1989 年，有了一個通過這種療法獲得成功的例子。截至 2014 年，有 300 多種天然或合成的物質被發現可能具有抗血管新生的作用，120 多項臨床研究正在進行。

也就是說，全食物養生法倡導者所宣稱依據的「抗血管新生療法」，是一種治療腫瘤的科學方法。但是，「全食物養生法」真的能夠抑制腫瘤血管新生嗎？

所謂「全食物養生法」，是將蔬菜、水果、堅果，或五穀、豆類、菌菇類，以適當的比例混合，加上水，打成「全食物精力湯」。其倡導者認為，這「等於每天用一杯混合了上千種植化素、各種維他命、礦物質、充足酵素、

好的不飽和脂肪酸、蛋白質、複合式碳水化合物等營養物質的超級飲品,對自己的身體進行雞尾酒療法」。

植化素的正式名稱是「植物化學物質」,也被稱為「植物生化素」或者「植生素」。它是指植物中的各種化合物,通常特指那些能對人體健康產生影響的物質。從化學角度來說,各種維他命也是植化素,不過它們已經被當作一類微量營養成分。而通常說的植化素,更多是指茶多酚、異黃酮、花青素、葉黃素等這些物質。

植物中有成千上萬種不同的植化素。不過它們是植物為了保護自己而產生的,並非為了人類健康而設計的。在成千上萬種植化素中,人類只對很少的一部分進行過深入研究,而絕大多數植化素對於健康是好是壞、吃多少會有好處、吃多少會有危害,都還缺乏研究。即便是人類研究比較深入的那些植化素,也主要是用於流行病學調查、細胞實驗或者動物實驗,幾乎沒有臨床試驗證實它們能夠抗癌。全食物養生法倡導者建議人們食用多種植物性食物,減少動物性食物,尤其是避免飽和脂肪酸和紅肉,這沒有問題——現在營養學的推薦也是如此。不過,營養學中所說的「食物多樣化」,並不要求把多種食物放到一個杯子裏吃。簡單說,三種蔬菜每頓吃一種,和每頓都取三分之一混着吃,都是多樣化,並沒有科學證據顯示後者比前者更好。

更重要的是,全食物養生法強調「全食物」,要求把皮和種子一起加入打成汁。但是有一些水果的種子中含有氰苷等有害物質,氰苷水解,會釋放出有毒的氫氰酸。常見的蘋果、桃子、杏、李子、車厘子等,就是這樣的水果。雖然說在通常情況下它們產生的氫氰酸量並不容易達到有害劑量,但這種完全可以避免的「有毒物質」,為甚麼還要攝入呢?此外,很多植化素是抗氧化劑,在打成汁的過程中容易被氧化而失去健康價值。

全食物養生法倡導者最津津樂道的證據,是一個名人進行肝癌手術後採用這套飲食方法,一直沒有復發。但是,這並不能說明這種養生法能夠治療癌症。而那位病人積極地尋求現代醫學的治療,才是治療癌症的根本。

普洱茶的逆襲之路

在今天的茶領域，普洱茶是焦點之一。古樹茶、年份茶、古董茶等概念的風行，投資與炒作的價值甚至大大超越了它們作為飲品本身的價值。普洱茶是如何產生，又是如何成為今天的「茶中貴族」的呢？

眾所周知，雲南是世界茶樹的發源地，生活在這塊神奇土地上的先民們很早就開始利用茶樹，或為食，或入藥，還會在晴好的季節將過剩的茶樹鮮葉曬乾，以備不時之需。由於當時生產力水準的限制，茶葉的生產工藝並不系統，甚至相當隨意和粗放。地處西南邊陲的雲南，遠離當時的政治中心，山高路險，文化背景複雜，所以經濟文化中心的人們對那裏的世界知之甚少。即便是「茶聖」陸羽，也曾在其代表作《茶經》中寫下「雲南不產茶」的詩句。

清朝乾隆年間的文官檀萃在《滇海虞衡志》中，對雲南的人文地理進行了詳細的描述。有史籍記載：「西番之用普茶已自唐時。」這裏的「西番」包括現在的西藏以及大渡河以南、金沙江以北的地區，在唐代和雲南同屬南詔國。西番在南詔國北部，雲南在南詔國南部。南詔國北部由於地理氣候的限制不產茶，當地人所喝的茶都是由雲南運過去的。當然，那時的茶並不叫普洱茶，至於叫甚麼茶，史書上也沒有明確記載，我們姑且稱之為雲南茶吧！

雲南茶在南詔國內流通的狀況持續了很久，直到明朝才有了巨大變化。當時，中央政權開始介入西南地區並加強對那裏的控制，茶的產銷也被納入管制範圍。政府規定，滇南各茶山生產的茶都在當時的普洱縣進行交易。普洱縣有豐富的鹽礦，可以方便山民用茶來交換鹽這種生活必需品。至此，「普洱茶」這個名字才正式出現。

到了清朝，清政府為了維護西南地區的安寧及加強民族融合，逐步推行「改土歸流」的政策，並在普洱縣設立普洱府，頒布了《雲南茶法》。《雲南茶法》把中原早已成熟的制茶工藝和雲南傳統制茶法結合起來，實現了普洱茶生產工藝的升級。同時，《雲南茶法》還對茶的形狀、規格、品質等進行了規範。普洱茶也借此機緣以嶄新的形象沖出了普洱，走向了全國。

明清時期，普洱茶的消費區域不斷擴大。但是，當時交通運輸很不發達，尤其是西南地區多山，連馬車都難行，基本上只能靠騾馬甚至人力運輸。無論是銷往藏區還是進貢京城的普洱茶，都需長途跋涉，時間可能長達幾個月。山路崎嶇顛簸，馬幫擔心茶葉破碎，因此在打包和運輸過程中會給茶葉灑水回軟。在較高的含水量下，茶葉上的細菌、霉菌等微生物有了成長的「土壤」。這些微生物在生長的過程中會生成各種各樣的酶，並「反哺」到生長環境中。這些酶會催化不同的生化反應，比如澱粉酶會把澱粉水解成糖而增加甜味，氧化酶能把茶多酚氧化成茶黃素而減輕苦澀味道，聚合酶可以把多酚轉化聚合成茶紅素而呈現濃重的紅色，蛋白酶可以把蛋白質水解成氨基酸和多肽從而產生鮮味……待茶葉運到目的地，茶的品質已經發生了很大變化。

如果按今天的食品質量監控標準來衡量，運達目的地的普洱茶早已經變質了。不過，當時資訊不發達，目的地的人們可能不知道沒變質的茶是甚麼樣，大概以為茶本來就應該是這樣的，而運茶的挑夫馬幫也不會「自曝其短」。

人們逐漸發現，即便精心控制生產工藝，剛泡好的茶依然比較苦澀，而經過風吹日曬、長途運輸的茶葉，可溶性物質增多，茶體和泡出的茶湯顏色變紅，香氣更濃，苦澀感減輕，口感更醇和。也就是说，這些茶葉比變質之前要更好喝。

此後，科學技術的發展提高了運輸的效率，將茶從普洱運到目的地不再需要那麼長時間。但是，這些很快被運到目的地的茶，反而不受顧客喜歡。於是，民間開始模擬古時長途運輸的情形，往茶葉上灑少量水，存放於稍高溫度的環境中，通過濕熱和環境中微生物的共同作用，讓茶的口感變柔和，茶湯更適口。20世紀70年代初期，我國科技人員根據食品發酵工藝學原理，將這樣的探索整理優化，最終形成了普洱茶的潮水渥堆工藝。

新鮮的茶葉經過高溫「殺青」，中止葉片中酶的反應，然後曬乾，曬乾

番外篇：你需要知道的食物真相

後的茶葉被稱為「曬青茶」。曬青茶在人工設定的溫度、濕度條件下進行發酵，稱為「渥堆」。渥堆為微生物創造了優越的條件，讓它們在短時間內快速生長，使得茶體木質化，茶湯紅濃明亮，入口甜柔而沒有苦澀感。普洱熟茶可以說是傳統普洱茶的「速成版」。這種「不正宗」的普洱茶，因為其鮮明的特色而成為一個新的品種，被廣泛接受。被壓制成型的曬青茶任由環境中的微生物附着到茶葉上慢慢發酵，這樣製成的茶被稱為「普洱生茶」。新生產的普洱生茶味道簡單而刺激，在倉儲過程中，隨着發酵的緩慢進行，其苦澀感逐漸減輕，味道愈發豐富而醇和。這也就是「普洱茶愈陳愈香」的原因。

隨着科技的發展，茶產業日臻成熟。今天的普洱茶已經有了比較明確的界定，即以雲南地理標誌保護範圍內的大葉種曬青茶為原料，經過自然後發酵或人工後發酵而成的、具有獨特品質的茶葉。自然後發酵的是普洱生茶，人工後發酵的是普洱熟茶。

從生化角度來看，普洱茶和酒、醬油、醋、腐乳、泡菜、豆醬、乳酪等一樣，屬發酵食品，只不過普洱茶用於發酵的原料是茶葉而已。發酵食品在人類社會至少有近萬年的歷史，對許多發酵食品的科學研究已經相當充分。相對來說，普洱茶的工藝研究及工業化生產尚處在初級階段，更多的是依靠經驗和農戶的作坊式生產。近些年，雖然人們對普洱茶的關注度幾起幾落，但總體上產銷量在逐步增加。愈來愈多的科研院所與企業願意投入精力，從茶樹育種、茶園管理開始，對原料進行細分，在工藝標準化、菌種識別、後發酵流程的優化等方面進行研究。這些科學研究的結果運用於生產，使得普洱茶的品質有了長足的進步。

作為一種低熱量飲品，茶是古人傳承下來的，是各種文化的載體，是情感溝通的橋樑。普洱茶以獨特的原料和工藝，濃度高、耐存放的優點，從一種地域性產品變為受眾廣泛的產品，甚至成為一種炒作、投資與收藏的標的。但是，它畢竟只是一種飲品，它的價值體現在被人們喝掉，而不是被束之高閣，像古董一樣無限制地保存下去，或者作為一種債券用來交易牟利。面對市場上各種非理性炒作，消費者應該以事實和科學為依據，理性地對待普洱茶，品茶、喝茶，把茶作為一種認真的消遣，還原茶的真諦。

「適量飲酒」，
真的有益健康嗎？

適量飲酒有益健康，這個說法不僅在酒類營銷中經常被強調，許多醫學、營養和科普界人士也經常提及。而且，他們還真能擺出許多科學研究文獻來支持這種說法。雖然有許多「科學研究表明」，但這種說法真的靠譜嗎？

這個說法大致起源於 1991 年。在美國的一個電視節目中，有人提出了一個「法國悖論」：法國人的飲食、運動等生活方式並沒有多健康，但他們的心血管發病率卻不高。節目中給了一個解釋：法國人喝葡萄酒多，葡萄酒可能有利於心血管健康。

這個猜想有些離譜，不過推理不靠譜只能說明它的理由不充分，卻並不能否定它。為了解釋「法國悖論」，各國科學家進行了大量研究，調查人數超過百萬，時間長達 20 年。在流行病學調查領域，這可以算得上數據最豐富的研究之一了。

結果顯示這個猜想還真不離譜。在這些研究中，科學家們把心血管疾病發生率以及它導致的死亡率與喝酒的量對比，發現在適量飲酒的人群中，兩者都比完全不喝酒的人群要低。然而，在喝酒比較多的人群中，兩者又升高了。而且，不僅僅是葡萄酒，啤酒和白酒也有類似的結果。

流行病學調查往往會受到其他混雜因素的影響。比如，經常喝葡萄酒的人，收入往往比較高，因而醫療條件等也要好一些。而是否喝酒可能還伴隨着其他的生活方式，比如多吃蔬菜、水果，經常鍛煉身體等。在大型調查中，可以用統計工具剔除這些因素的影響，從而盡可能得到適量飲酒與心血管健康之間的關係。

一般結論是，在剔除了科學家們能夠想到的混雜因素之後，適量飲酒對心血管健康的積極作用減小了，但並沒有完全消失。也就是說，比起不喝酒的人，每天喝一點酒的人心血管疾病發生率以及它導致的死亡率依然要低一些。

番外篇：你需要知道的食物真相

為了解釋這一現象，有學者提出了一些假說。比較有名的一個假說是葡萄酒中含有抗氧化劑，如白藜蘆醇。然而動物試驗又發現，要通過喝葡萄酒來達到使白藜蘆醇起作用的劑量，人會先被撐死。另一個著名的假說是酒精有助於增加血液中的「好膽固醇」，而「好膽固醇」的增加有助於降低心血管疾病的風險。有一些實驗證據似乎支持這種假說，因此適量飲酒有益心血管健康也就得到了比較多的認同。

但是，心血管疾病並非危害健康的唯一因素，適量飲酒會不會對健康有其他方面的影響呢？

在致癌物分類等級中，酒精是 1 類致癌物。也就是说，它是致癌物的證據確鑿。

人體可能患的癌症有很多種，每一種有不同的致病原因和風險因素。科學界一直在研究酒精攝入量與各種癌症發生風險的關係，也有海量的相關論文發表。每隔幾年，就會有一篇對這個問題的薈萃研究發表。2015 年，一篇發表在《英國癌症雜誌》上的綜述把過去幾十年發表的酒與癌症的論文進行了梳理，找出了 572 項質量較高的研究，涉及人數超過了 48 萬。

結果發現，酒精攝入量對不同癌症的影響不一樣，飲酒會增加多種癌症的發生風險，而且沒有所謂的適量範圍。對於許多癌症而言，只要飲酒就會增加風險，喝得愈多，風險就愈高。比如口腔和咽癌，重度飲酒者的發生風險是不喝酒者的 5.13 倍，而食管鱗狀細胞癌則是 4.95 倍，喉癌是 2.65 倍，膽囊癌是 2.64 倍，肝癌是 2.07 倍，乳腺癌是 1.61 倍，結腸癌是 1.44 倍，還有其他多種癌症也有不同幅度的風險增加。而即使每天攝入 25 克酒精（相當於 1 兩 50 度的白酒，即所謂「有利於心血管健康」的適量飲酒範圍），有幾種癌症的風險也會明顯增加（見圖 a-1）。

簡而言之，對任何食物飲料，考慮它對健康的影響，都不能只考慮其中的某些成分，也不能只考慮對於健康的好處。正確的態度是考慮全部成分在正常的食用量下對健康的全面影響。具體到酒，雖然「適量飲酒」可能對心血管健康有一定好處，但考慮到它對癌症、脂肪肝、痛風等疾病的影響，總體而言是不利於健康的。

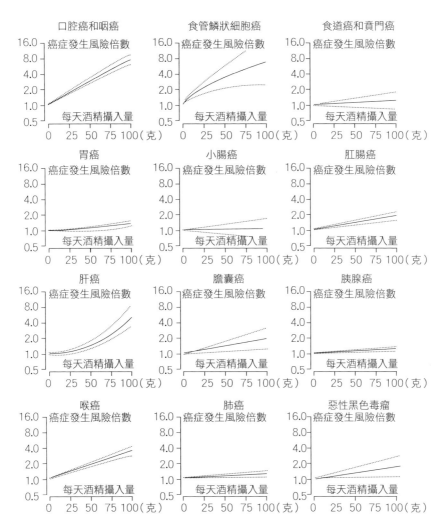

圖 a-1 每天酒精攝入量與癌症發生風險倍數的關係

番外篇：你需要知道的食物真相

童子尿煮蛋與尿療養生

　　據說每年開春，浙江東陽就滿城飄蕩着童子尿煮蛋的氣味。這種被東陽人視為大補的傳統食品在東陽的盛行已經到了「東陽尿貴」的地步——要用糖果收買小男孩，才能收集到他們的尿液。童子尿煮蛋，還成為東陽市的非物質文化遺產。

　　尿蛋的製作是用尿煮蛋，通常要煮到乾，有些還要敲破蛋殼，重新加入尿液再煮。有人說作客東陽，熱情的主人奉上尿蛋，為了避免盛情難卻的尷尬，只好以不吃雞蛋推脫；結果主人熱情地勸道：「不吃雞蛋，那喝點湯吧！」雖然外地人難以接受，而東陽人卻相信吃了它「春天不會疲累，夏天不會中暑」。

　　其實喝尿養生在世界各地都不罕見，還有一個專門的名詞叫「尿療」。在各種傳統醫學中，尿療可以算得上很嚴肅的一種。1996 年，世界各國的尿療專家在印度召開了第一屆尿療世界會議。在 2013 年開到了第六屆之後，新聞媒體上再找不到後續的消息，可能是無疾而終了。

　　尿是人體的血液經過透析排出的廢物。血液的成分比較固定，而尿液的成分受人體健康狀況以及飲食的影響，波動比較大。一般而言，其中 95%是水，2% 左右是尿素，其他各種礦物質、激素以及代謝產物不下 200 種，不過含量都比較低。

　　雖然是廢物，但剛剛產生的尿液基本無菌，其中的有害物質含量也很低，到不了危害健康的地步。所以，尿是無害的，在無法獲得飲用水的特殊情況下，喝尿是補充水分的一種有效途徑。

　　不過，尿療的目標顯然不是無害，而是利用其中的活性物質。一般而言，尿療理論並非基於其中的某種成分有療效，而是認為其中的某些成分循環回到體內會激發人體的抗病機能，類似於現代醫學中的免疫接種。1991 年，有本叫《醫學假設》的雜誌提出了一個假說來解釋喝晨尿的功效。作者認為，晨尿中含有較多的褪黑素及其酯化物，這些激素回到體內，可以調節「睡

眠 ─ 覺醒」週期，或者提高冥想的生理先決條件，從而有助於瑜伽的練習。《醫學假設》是一本很特別的學術刊物，它被科學文獻數據庫收錄，但早期的文章並未經過同行評議，也不需要科學證據，只要能夠自圓其說就可以發表。

世界上有許多實踐尿療的名人，其中最有影響力的大概要數印度人莫拉爾吉・德賽。他是個革命家，一生多次入獄，81 歲時當選印度總理，創下了當選總理年齡最大者的世界紀錄。雖然生活艱辛，不過他很長壽，活到了99 歲。在一次接受公開採訪時，他說他的養生之道是尿療，並且公開倡導這種療法，認為這是付不起醫療費用的印度人解決問題的好方案。

就尿療來說，不管是類似於免疫接種的假說，還是褪黑素的功效，都只是猜想，並沒有科學證據的支持。考慮到喝尿療法的特殊性，很難進行隨機雙盲對照試驗。所以，這些假說也就只停留在假說的層面，依靠遵循者的「信則靈」來維護。

其實，尿中還真有一些藥物成分。比如尿激酶，將其注射到體內可以啟動一種蛋白質轉化成溶纖酶，能夠幫助溶解血栓。此外，尿中除了水之外最豐富的成分──尿素，也被認為可能有藥效。在許多護膚品中，尿素用於促進補充水分。而在尿療者看來，尿素具有抗癌功能。20 世紀 50 年代，一位希臘醫生宣稱用尿素治療肝癌和皮膚癌病人，大大延長了他們的生命。他還發表過一些成功案例，也有其他醫生宣稱有成功的記錄。不過，1980 年以來，有過兩項小規模的研究，都無法證明尿素能使肝癌病人的腫瘤縮小。因此尿素抗癌只是一個傳說。

東陽尿煮蛋的情形與尿療有所不同。經過長時間的熬煮，尿中的激素等生物活性物質早已失去活性。其實即使是生喝，尿激酶之類的蛋白質也會被消化分解，不可能到血液中發揮作用。尿蛋中剩下的基本上只有尿素和無機鹽。蛋殼有很好的通透性，鹽完全可以輕鬆自如地滲進去。民間認為神奇的尿蛋變鹹，其實只是尿中的鹽滲入雞蛋中而已。在長時間的熬煮中，鹽擴散到蛋黃之中也並不困難。

東陽尿煮蛋的「保健功能」完全只能依靠臆想來維繫，它的存在僅僅是因為東陽人民一直以來的喜歡。

超級 p57，以「女神」為白老鼠

　　減肥界從來不乏新產品，「超級 p57」（一種食慾控制劑）就是其中的後起之秀。一位被粉絲稱為「女神」的主持人宣稱產後靠它減肥成功，更大大推動了它的流行。這個產品本身具備了許多吸引時尚女性的元素，比如，它含有從一種古老而稀有的植物中提取的精華。

　　這種植物就是蝴蝶亞仙人掌，歷史上南非人用它來暫時延緩長途旅途中的饑渴。因為這種暫時管餓的作用，人們相信它含有抑制食慾的成分。南非著名研究機構科學與工業研究理事會（CSIR）進行了許多研究，在嘗試到第 57 種成分的時候，發現它具有抑制食慾的功效，於是將其命名為 p57，並且申請了專利。英國植物製藥（Phytopharm）公司租用了其專利許可，從 1998 年開始開發減肥產品。2002 年，英國植物製藥公司與美國輝瑞公司合作。一年之後，美國輝瑞公司看不到希望，選擇了退出。2004 年，英國植物製藥公司又找到了聯合利華公司，希望把 p57 作為功能食品推向市場。2008 年，聯合利華公司在花費了 4,000 萬美元之後，認為這個產品的有效性和安全性達不到它的標準，也選擇了退出。

　　此後，英國植物製藥公司繼續尋找合作夥伴，但都沒有成功。隨着英國植物製藥公司放棄功能食品業務，植物精華也逐漸淡出了人們的視野。2010 年年底，英國植物製藥公司把 p57 的產品開發與商業化的權利還給了科學與工業研究理事會。至此，p57 在工業界「玩」了一圈之後，又回到了南非科學與工業研究理事會的懷抱。

　　雖然有了專利，但對 p57 或者蝴蝶亞仙人掌提取物的研究其實還很有限。有一些動物試驗顯示，p57 能降低進食慾望。2004 年，一位在美國輝瑞公司工作過的學者發表了一份報告，稱 p57 可能作用於下丘腦，從而抑制了食慾。

　　但是，要説明 p57 有用，這些證據還遠遠不夠。美國有一家為其他公司進行臨床試驗的機構，用蝴蝶亞仙人掌進行了一項有效性試驗——讓體重超標的志願者每天服用兩粒蝴蝶亞仙人掌提取物膠囊，同時服用多元維他命，其他生活和飲食方式保持不變。28 天之後，他們的體重平均減輕了 3.3%，

廿一世紀吃的真相－食物安全真與假

體重降低的中位數約為 4.5 公斤。而且，志願者聲稱試驗開始幾天之後，食物的攝入量就減少了，試驗中也沒有感到有甚麼副作用。

結論看起來似乎很好，但是它的科學價值很低，因為觀測對象只有 7 名志願者，而且不是隨機雙盲實驗。這項研究也沒有在學術刊物或者學術會議上發表，自然也就不足以作為證據。當時，實驗者聲稱正在招募更多的志願者來進行大規模實驗。然而 10 多年過去了，還沒有進一步的消息傳出。

2011 年，《美國臨床營養學雜誌》上發表了聯合利華公司進行的一項隨機雙盲對照試驗。實驗對像是健康、超重的女性，她們被隨機分為兩組：實驗組 25 人，每天吃兩次含有蝴蝶亞仙人掌提取物的優酪乳；對照組 24 人吃安慰劑，然後自由進食。15 天之後，兩組人在熱量攝入和體重變化上都沒有實質上的差別。而且，實驗組的人出現了噁心、嘔吐以及皮膚不適等狀況。另外，雖然提取物沒有導致嚴重的副作用，但有明顯的副作用出現，比如血壓、脈搏、心率、膽紅素以及鹼性磷酸酶等身體指標明顯增加了。這對於一個沒有顯示出有效的減肥產品來說，它連做安慰劑的資格都需要被質疑。

2011 年，南非茨瓦尼理工大學的學者在《藥用植物》雜誌上發表了一篇綜述，給蝴蝶亞仙人掌提取物減肥潑了一大瓢冷水。學者認為，這種植物生長緩慢，地理分佈稀疏，產量根本沒有那麼多，大量的產品都存在造假。而且，以 p57 為代表的提取物，在體內藥效、生物活性、臨床功效以及安全性方面都缺乏科學依據。

但是，以 p57 為賣點的減肥產品早已在市場上賣得火熱。2011 年 10 月，FDA 針對一種「p57 蝴蝶亞」的減肥產品發佈公告，呼籲消費者立即停止使用該產品，因為 FDA 在其中發現了藥物成分西布曲明，而該藥物成分因為副作用大已經在前一年被美國禁用。

當然，FDA 發現一個 p57 產品有問題，並不意味着其他 p57 產品也一定有問題。但是消費者應該清醒地意識到：聯合利華公司認為 p57「有效」、「安全」的希望渺茫，所以白白砸了 4,000 萬美元之後放棄。雖然女神的確減肥成功了，但是這種個例無法說明是不是「超級 p57」起了作用。在科學證據和女神的號召力之間，你如果選擇女神，那麼則相當於把自己當成白老鼠，在為生產商積累用戶體驗。

番外篇：你需要知道的食物真相

廿一世紀 吃的真相
食物安全真與假

著者
雲無心

責任編輯
林可欣

封面設計
鍾啟善

裝幀設計
馮景蕊

出版者
萬里機構出版有限公司
香港北角英皇道499號北角工業大廈20樓
電話：2564 7511
傳真：2565 5539
電郵：info@wanlibk.com
網址：http://www.wanlibk.com
　　　http://www.facebook.com/wanlibk

發行者
香港聯合書刊物流有限公司
香港新界大埔汀麗路36號
中華商務印刷大廈3字樓
電話：（852）2150 2100
傳真：（852）2407 3062
電郵：info@suplogistics.com.hk

承印者
中華商務彩色印刷有限公司
香港新界大埔汀麗路36號

出版日期
二零二零年二月第一次印刷
二零二零年八月第二次印刷

規格
特16開（240mm x 170mm）